A BOOZE & VINYL

CHRISTMAS

크리스마스 칵테일북과 레코드

안드레 달링턴 지음 | 제이슨 바니 사진 | 권루시안 옮김

권루시안 옮김

편집자이자 번역가로서 다양한 분야의 다양한 책을 독자에게 아름답고 정확한 번역으로 소개하려
노력하고 있다. 옮긴 책으로는 『칵테일과 레코드』와 『과학을 만든 사람들』(진선출판사), 에릭 해블록의
『뮤즈, 글쓰기를 배우다』(문학동네), 데이비드 크리스털의 『언어의 죽음』(이론과실천) 등이 있다.

크리스마스
칵테일과 레코드

인쇄 – 2024년 11월 12일
발행 – 2024년 11월 19일
지은이 – 안드레 달링턴
옮긴이 – 권루시안
발행인 – 허진
발행처 – 진선출판사(주)
편집 – 김경미, 최윤선, 최지혜
디자인 – 고은정
총무·마케팅 – 유재수, 나미영, 허인화
주소 – 서울시 종로구 삼일대로 457 (경운동 88번지) 수운회관 15층
　　　　전화 (02)720–5990　팩스 (02)739–2129
　　　　홈페이지 www.jinsun.co.kr
등록 – 1975년 9월 3일 10–92

※책값은 뒤표지에 있습니다.

ISBN 979-11-93003-59-6 13590

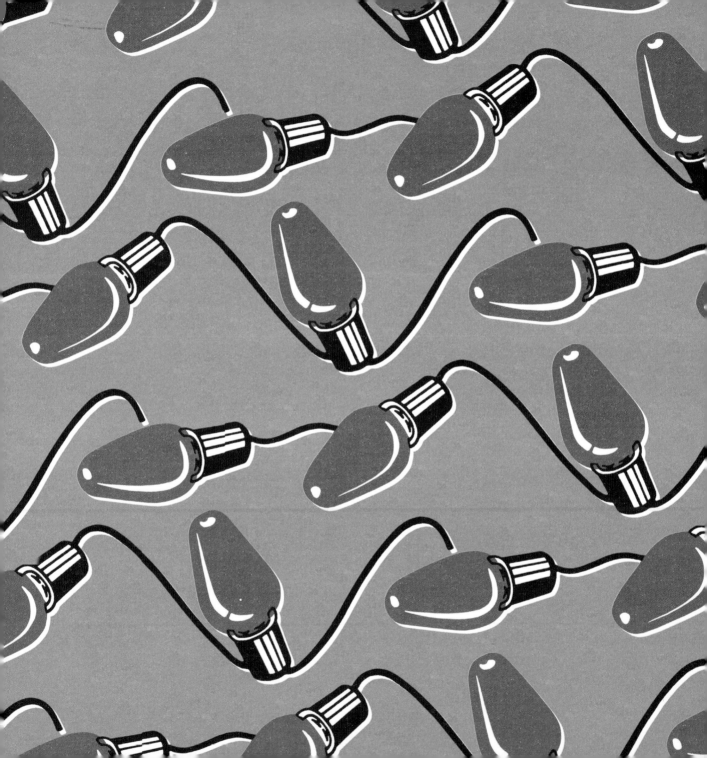

크리스마스는 시즌이 아니다. 느낌이다.

— 에드나 퍼버Edna Ferber

Contents

들어가며 ……………………………… XIII

이 책을 활용하는 법 …………………… XV

크리스마스 시즌의 바 ………………… XVI

Chapter 1 록 ……………………… 2

MERRY CHRISTMAS (1958)
조니 마티스 …………………………… 5

A CHRISTMAS GIFT FOR YOU FROM PHIL SPECTOR (1963)
필 스펙터와 달린 러브 ………………… 6

THE BEACH BOYS' CHRISTMAS ALBUM (1964)
비치 보이스 …………………………… 8

A SOULFUL CHRISTMAS (1968)
제임스 브라운 ………………………… 12

CHRISTMAS ALBUM (1970)
잭슨 5 ………………………………… 14

ELVIS SINGS THE WONDERFUL WORLD OF CHRISTMAS (1971)
엘비스 프레슬리 ……………………… 16

MOTOWN CHRISTMAS (1973)
여러 아티스트 ………………………… 18

NATTY CHRISTMAS (1978)
제이콥 밀러 …………………………… 20

A VERY SPECIAL CHRISTMAS (1987)
여러 아티스트 ………………………… 23

MERRY CHRISTMAS (1994)
머라이어 캐리 ………………………… 24

HOME FOR CHRISTMAS (2008)
셰릴 크로 ……………………………… 28

CHRISTMAS IN THE HEART (2009)
밥 딜런 ………………………………… 30

UNDER THE MISTLETOE (2011)
저스틴 비버 …………………………… 32

CEE LO'S MAGIC MOMENT (2012)
씨로 그린 ……………………………… 34

WRAPPED IN RED (2013)
켈리 클락슨 …………………………… 36

YOU MAKE IT FEEL LIKE CHRISTMAS (2017)
그웬 스테파니 ………………………… 38

CHRISTMAS CHRISTMAS (2017)
칩 트릭 ………………………………… 42

EVERYDAY IS CHRISTMAS (2017)
시아 …………………………………… 44

A HOLLY DOLLY CHRISTMAS (2020)
돌리 파튼 ……………………………… 46

ONE-HIT WONDERS
여러 아티스트 ………………………… 48

Chapter 2 웜 앤 퍼지 Warm & Fuzzy 50

MERRY CHRISTMAS (1949)
빙 크로스비 **53**

RUDOLPH THE RED-NOSED REINDEER (1957)
진 오트리 **54**

THE MAGIC OF CHRISTMAS (1960)
냇 킹 콜 **58**

A CHARLIE BROWN CHRISTMAS (1965)
빈스 과랄디 **61**

A CHRISTMAS ALBUM (1967)
바브라 스트라이샌드 **62**

THE PERRY COMO CHRISTMAS ALBUM (1968)
페리 코모 **64**

CHRISTMAS PORTRAIT (1978)
카펜터스 **66**

PRETTY PAPER (1979)
윌리 넬슨 **68**

A CHRISTMAS TOGETHER (1979)
존 덴버와 더 머펫츠 **70**

CHRISTMAS INTERPRETATIONS (1993)
보이즈 투 멘 **74**

THESE ARE SPECIAL TIMES (1998)
셀린 디온 **76**

SONGS FOR CHRISTMAS (2006)
수프얀 스티븐스 **78**

A VERY SHE & HIM CHRISTMAS (2011)
쉬앤힘 **80**

HOLIDAY WISHES (2014)
이디나 멘젤 **82**

MY GIFT (2020)
캐리 언더우드 **84**

HARK! (2020)
앤드류 버드 **86**

I DREAM OF CHRISTMAS (2021)
노라 존스 **88**

Chapter 3 재즈 & 클래식 92

A JOLLY CHRISTMAS FROM FRANK SINATRA (1957)
프랭크 시나트라 **94**

ELLA WISHES YOU A SWINGING CHRISTMAS (1960)
엘라 피츠제럴드 **96**

THE DEAN MARTIN CHRISTMAS ALBUM (1966)
딘 마틴 **98**

THE NUTCRACKER (2010)
사이먼 래틀과 베를린 필하모닉 오케스트라 **101**

CHRISTMAS (2011)
마이클 부블레 **104**

WHAT A WONDERFUL CHRISTMAS (2016)
루이 암스트롱과 친구들 **106**

A LEGENDARY CHRISTMAS (2018)
존 레전드 **108**

BIG BAND HOLIDAYS II (2019)
윈튼 마살리스 **110**

ULTIMATE CHRISTMAS (2020)
페기 리 **112**

Chapter 4 선물 포장 코너 114

최고의 크리스마스 칵테일 만들기 **116**

크리스마스 시즌을 위한 바 만들기 : 재료와 도구 **119**

간단하게 만드는 칵테일용 시럽 레시피 **124**

찾아보기 **127**

감사의 말씀 **139**

세상에서 가장 빛나는 난장판은
크리스마스 날 거실에서 벌어지는 난장판이다.

— 앤디 루니 Andy Rooney

들어가며

날이 점점 짧아지고 날씨가 선선해지면 크리스마스 시즌에 대한 기대감이 커지기 시작한다. 연중 더없이 멋진 시기이며, 우리가 즐겨 듣는 노래가 라디오와 턴테이블에서 흘러나오면서 더욱 멋진 계절이 된다. 크리스마스 시즌 음악을 듣고 있으면 따뜻함, 아늑함, 행복감, 기대감, 다 잘될 것 같은 느낌, 향수 같은 온갖 감정이 떠오른다. 해마다 꺼내 듣는 앨범은 가까운 친구가 된다. 이런 음반이 더욱 특별해지는 것은 몇 주 동안만 듣기 때문이기도 하지만, 우리 각자가 수십 년 동안 나름의 시즌을 보낼 때마다 함께하기 때문이기도 하다.

미국의 크리스마스 대중 음악은 1930년대 대공황을 겪으며 급부상했고, 빙 크로스비의 「White Christmas」 같은 노래들이 제2차 세계대전 동안 상업적으로 성공을 거두었다. 여러분이 벙어리장갑을 낀 손에 들고 있는 이 책은 1949년 빙 크로스비가 발표한 기념비적인 엘피 음반(LP는 1948년에 처음 등장했다)부터 2021년까지의 음반을 망라한다. 엘피가 지금도 인기를 누린다는 사실 그리고 과거와 현재의 앨범을 모두 이 책에 실을 수 있다는 (다시금 대량으로 엘피로 찍어 내고 있기 때문에) 사실 자체가 하나의 기적이다. 할아버지와 할머니가 즐겨 듣던

페기 리나 비치 보이스를 젊은 청취자들도 들을 수 있다는 것은 이런 앨범의 인기가 여전하다는 점뿐 아니라 엘피라는 매체 자체의 매력을 입증한다.

엘피 음반과 크래프트 칵테일은 서로 어울리는 무언가가 있다. 그 매력의 많은 부분은 둘 다 감촉에 의한 경험이라는 데에서 온다. 음반 재킷의 느낌, 엘피 특유의 잡음, 얼음이 부딪히는 소리, 바늘을 올리고, 젓고, 흔들고, 뒤집는 동작, 첫 모금을 마시는 느낌, 지직거리고 타닥거리는 소리. 물론 이것은 칵테일과 엘피 음반이라면 당연히 나는 소리와 맛이지만, 그보다 더 근본적인 차원에서 중요한 부분은 그것이 우리에게 주는 느낌이다. 오디오 애호가들은 엘피로 듣는 음악을 따뜻함과 존재감이라는 말로 즐겨 표현하며, 엘피 음악은 더 생동감이 있다고 말한다. 그러므로 생각해 보자. 음반과 거기 어울리는 칵테일이 연중 어느 때라도 우리에게 따뜻한 취기를 안겨 준다면, 감정이 고조되어 있는 크리스마스 시즌이라면 같은 경험이라도 얼마나 더 깊이 다가올까? 눈송이가 반짝이는 홀리데이 에디션 『칵테일과 레코드』에 오신 것을 환영한다.

이 책을 활용하는 법

이 책은 1949년부터 2021년까지 제작된 최고의 크리스마스 앨범 45장을 소개한다. 음반은 '록', '웜 앤 퍼지(Warm & Fuzzy)', '재즈 & 클래식'의 3개 장으로 나누어 연대순으로 수록했다. 앨범마다 A면과 B면에 어울리는 칵테일을 제시하여 청각과 미각을 위한 완벽한 경험을 안겨 준다. 상상할 수 있는 최고의 크리스마스 음악 감상이 되도록, 앨범마다 '언제 틀까?'라는 항목으로 음반을 틀기 좋은 때를 제안한다. 크리스마스트리를 세우고 장식하는 파티를 원한다면? 그웬 스테파니의 앨범 『You Make It Feel Like Christmas』를 보라(38쪽). 홀리데이 브런치? 저스틴 비버의 앨범을 튼다(32쪽). 그 밖에도 크리스마스 시즌에 즐기기 좋은 간식거리 레시피도 책 여기저기에 소개해 두었다. 여러분의 칵테일 기술을 더 갈고닦고 싶다면 116쪽에 소개한 '최고의 크리스마스 칵테일 만들기' 안내를 참고하길 바란다.

크리스마스 음반을 구입할 때의 참고 사항

크리스마스 음반 중 명반에 해당하는 앨범에는 엘피로 나온 적이 없거나, 있다 해도 지금은 거의 구하기가 불가능한 것도 있다. 애석하게도 해리 코닉 주니어 Harry Connick Jr., 엔싱크 NSYNC, 카일리 미노그 Kylie Minogue, 데스티니스 차일드 Destiny's Child, 아샨티 Ashanti, 엘튼 존 Elton John의 음반이 이에 해당한다. 유명 아티스트가 총출동하여 만든 치프턴스 Chieftains의 앨범 『Bells of Dublin』 역시 엘피로는 구할 수 없다. 아리아나 그란데 Ariana Grande나 테일러 스위프트 Taylor Swift도 대중적인 크리스마스 음악을 녹음했지만, 아직은 엘피 음반으로 제작되지 않았다.

크리스마스 시즌의 바

크리스마스 시즌은 손님을 맞이하느라 바쁜 시기이므로 주요 재료는 충분히 준비해 두는 것이 가장 좋다. 그중 일반적인 것 몇 가지를 119쪽에 소개하였다. 또한 크리스마스 시즌의 바에만 필요한 것이 있다. 집마다 찾아가 캐롤을 부르는 손님이 갑자기 들를 경우를 대비하여 사전에 준비하면 좋은 품목을 아래에 나열한다.

코코아 · 커피 · 사과주 · 진저 비어
크랜베리 주스 · 헤비 크림 · 흑설탕
메이플 시럽 · 바닐라 엑스트랙트 · 블랙 티

이 책의 레시피로 칵테일을 만들 때, 다음 몇 가지 사항을 참고하자.

- 이 책에서 '1컵'은 240ml이다.
- 이 책에서 '대시'는 구체적으로 말해 ⅛작은술 정도인 한 방울에 해당한다.
- 레시피에 칵테일 재료를 거르도록 되어 있는 경우, 스트레이너를 이용하여 거른다(122쪽 참조).
- 이 책에서 '칵테일 잔'은 마티니 잔이나 쿠페 잔을 말한다(얼음 없이 내놓는다).

마실거리를 위한 빠른 안내

이 목록은 이 책에 실린 칵테일을 총망라한 것이 아니다. 여러분의 썰매가 원하는 방향으로 나아가게 하기 위한 길잡이일 뿐이다.

스파클링 칵테일로 시즌에 어울리게

토이 숍 Toy Shop (7쪽)

릴 크리스마스 쿠페 Lil' Christmas Coupe (9쪽)

유, 베이비 You, Baby (25쪽)

트윙클링 라이츠 Twinkling Lights (25쪽)

홀리 라이트 Holy Light (29쪽)

(언더 더) 미슬토 (Under the) Mistletoe (32쪽)

비 마이 홀리데이 Be My Holiday (32쪽)

랩트 인 레드 Wrapped in Red (37쪽)

그라치아 플레나 Gratia Plena (62쪽)

트러블스 윌 비 버블스 Troubles Will Be Bubbles (65쪽)

글래드 타이딩스 Glad Tidings (75쪽)

시즌스 리즌스 Season's Reasons (77쪽)

넛크래커 Nutcracker (102쪽)

증류주로 홀짝홀짝

드림 프롬 예스터데이 Dream from Yesterday (17쪽)

산타 베이비 Santa Baby (23쪽)

롱 로드 백 Long Road Back (29쪽)

왓 메리 뉴 What Mary Knew (47쪽)

사운딩 조이 Sounding Joy (59쪽)

체스넛 올드패션드 Chestnut Old-Fashioned (67쪽)

배드 브라더 Bad Brother (79쪽)

스타라이트 Starlight (81쪽)

렛 잇 스노 Let It Snow (99쪽)

쿨 율 Cool Yule (107쪽)

크림으로 꿈결같이

윈터 원더랜드 Winter Wonderland (5쪽)

베터 낫 크라이 Better Not Cry (14쪽)

키싱 클로스 Kissing Claus (14쪽)

칠린 라이크 어 스노맨 Chillin' Like a Snowman (23쪽)

러시안 펌프킨 Russian Pumpkin (65쪽)

슬레이 라이드 Sleigh Ride (81쪽)

프로즌 스노 Frozen Snow (82쪽)

펠리스 나비다드 Feliz Navidad (104쪽)

미스터 크링글 Mr. Kringle (111쪽)

파티 펀치

유나이트 더 홀 월드 Unite the Whole World (13쪽)

올 디즈 씽스 앤 모어 All These Things and More (19쪽)

이스마스 데이 Ismas Day (21쪽)

트림 마이 트리 Trim My Tree (39쪽)

퍼피즈 아 포에버 Puppies Are Forever (45쪽)

올든 타임스 앤 에인션트 라임즈 Olden Times and Ancient Rhymes (61쪽)

치어 컵 Cheer Cup (88쪽)

한겨울을 따뜻하게

에인절스 인 더 스노 Angels in the Snow (37쪽)

몰 산타 Mall Santa (43쪽)

셰퍼즈 와치 Shepherd's Watch (55쪽)

롱 리버 Long River (82쪽)

스트롱 스케이팅 Strong Skating (87쪽)

키스 굿나잇 Kiss Goodnight (97쪽)

CHAPTER 1

ROCK
THE HALLS

온몸을 울리는 크리스마스 앨범으로 발걸음에 활력을 불어넣어 보자. 이 장은 겨우살이 가지 아래에서 좀 더 즐겁고 신나는 시간을 보내고 싶을 때 이상적이다.

필 스펙터의 기념비적인 (그리고 종종 모방되기도 하는) 걸작 앨범부터 씨로 그린의 쾌활한 홀리데이 클래식에 이르기까지, 여기에서 소개하는 음반은 크리스마스 댄스 파티의 분위기를 확 끌어올릴 것이다. 입에 착 붙는 **마시멜로 월드**(7쪽)를 홀짝이는 것도 좋다. 하지만 멋진 **트윙클링 라이츠**(25쪽)는 흘리지 않도록 주의하시길.

에너지를 원하지만 너무 지나치지는 않기를 바란다면? 제이콥 밀러의 레게 음반을 걸고 남국의 정취를 즐긴다. 좀 더 기운을 얻고 싶다면? 칩 트릭으로 홀리데이 유머를 살린다. 환상적인 음파를 타고 떠다니고 싶을 때에는? 비치 보이스로 화음의 세계를 연다. 이렇게 기분이 좋아지면 여세를 몰아 진저브레드 쿠키(40쪽)를 굽거나 최고로 맛있는 럼 볼(10쪽)을 만들어 보자.

크리스마스 축하 모임을 갖든, 혼자 트리 주위를 돌며 춤추든, 이 장에서는 어떤 때라도 어울리는 클래식을 소개한다. 한해 최고의 시즌이니까!

Merry Christmas (1958) | 조니 마티스 Johnny Mathis

A Christmas Gift for You from Phil Spector (1963) | 필 스펙터와 달린 러브 Phil Spector & Darlene Love

The Beach Boys' Christmas Album (1964) | 비치 보이스 The Beach Boys

A Soulful Christmas (1968) | 제임스 브라운 James Brown

Christmas Album (1970) | 잭슨 5 The Jackson 5   Elvis Sings the Wonderful World of Christmas (1971) | 엘비스 프레슬리 Elvis Presley

Motown Christmas (1973) | 여러 아티스트   Natty Christmas (1978) | 제이콥 밀러 Jacob Miller

A Very Special Christmas (1987) | 여러 아티스트   Merry Christmas (1994) | 머라이어 캐리 Mariah Carey

Home for Christmas (2008) | 셰릴 크로 Sheryl Crow   Christmas in the Heart (2009) | 밥 딜런 Bob Dylan

Under the Mistletoe (2011) | 저스틴 비버 Justin Bieber   Cee Lo's Magic Moment (2012) | 씨로 그린 CeeLo Green

Wrapped in Red (2013) | 켈리 클락슨 Kelly Clarkson   You Make It Feel Like Christmas (2017) | 그웬 스테파니 Gwen Stefani

Christmas Christmas (2017) | 칩 트릭 Cheap Trick   Everyday Is Christmas (2017) | 시아 Sia

A Holly Dolly Christmas (2020) | 돌리 파튼 Dolly Parton

JOHNNY MATHIS

MERRY CHRISTMAS

1958

아티스트: 조니 마티스 Johnny Mathis **앨범:** Merry Christmas
장르: 얼리 팝/록, 전통 팝 **프로듀서:** 미치 밀러 Mitch Miller, 알 햄 Al Ham
레이블: Columbia **언제 틀까?:** 친구들과 함께하는 크리스마스 전 파티

앨범 해설 팝 스타 조니 마티스가 내놓은 크리스마스 음반은 크리스마스 음악 전부를 통틀어 가장 경쾌한 앨범에 속한다. 곧장 차트 1위에 오르며 성공을 거두었고, 역대 크리스마스 앨범 중 가장 많이 팔리는 음반 중 하나가 되었다. 평론가들은 텍사스 출신인 이 크루너(크룬 창법으로 노래하는 가수)를 '벨벳 목소리'라 불렀으며, 페퍼민트처럼 신선하고 감미로운 이 듣기 좋은 명반에서 그 꿀 같은 목소리의 매력이 잘 드러난다.
바늘을 올리기 전에 만나면 가장 기분이 좋아지는 친구들을 모아 크리스마스 시즌의 시작을 축하하며 건배한다.

SIDE A 윈터 원더랜드 Winter Wonderland

"썰매 종소리가 울리네요. 듣고 있나요?" 칵테일 시간을 알리는 종소리가 울린다. 잔 가장자리로 눈(코코넛)이 내려앉은 이 칵테일을 손에 들고 난롯가에서 꿈꾸다 보면 크리스마스 시즌으로 곧장 빠져들게 될 것이다. 원래「Winter Wonderland」라는 노래의 주제는 로맨틱한 내용이지만, 1947년에 어린이들에게 좀 더 친숙한 곡으로 개작되었다. 다행하게도 마티스는 원곡과 바뀐 곡을 잘 연결할 뿐 아니라, 후렴구와 코러스까지 추가했다. 더욱 즐거운 원더랜드로!

> 라임(잔 테두리에 바를 것)
> 슈레드 코코넛(장식용)
> 바닐라 보드카 45ml
> 화이트 초콜릿 리큐어 30ml
> 크림 30ml

마티니 잔 테두리에 라임 주스를 살짝 바른 (라임 웨지로 문질러 바른다) 다음, 슈레드 코코넛에 엎어 가루를 묻힌다. 보드카, 초콜릿 리큐어, 크림을 얼음과 함께 흔든 다음, 준비된 잔에 걸러 붓는다.

SIDE B 실버 벨 Silver Bell

이것은 아마도 마티니의 가장 궁극적인 형태일 것이다. 『사보이 칵테일 북 The Savoy Cocktail Book』에 수록된 **실버 마티니**(Silver Martini)를 바탕으로 하는 이 칵테일은 반짝이를 뿌려 더욱 화려해진 매혹적인 마실거리이다. 완성된 칵테일은 스노 글로브를 연상시킴으로써 미소가 끊이지 않게 할 것임을 보장한다. 참고: 칵테일 반짝이(식용 반짝이)는 전문점이나 온라인에서 구할 수 있다.

> 런던 드라이 진 45ml
> 드라이 베르무트 45ml
> 오렌지 비터스 2대시
> 은색 칵테일 반짝이 1꼬집

진, 드라이 베르무트, 비터스를 얼음과 함께 젓는다. 칵테일 잔에 걸러 붓고, 반짝이를 뿌린 다음 마지막으로 칵테일을 짧게 한번 저어 준다.

Phil Spector & Darlene Love

1963

A Christmas Gift for You from Phil Spector

아티스트: 필 스펙터와 달린 러브 Phil Spector & Darlene Love **앨범:** A Christmas Gift for You from Phil Spector
장르: 팝 록, 로큰롤 **프로듀서:** 필 스펙터 **레이블:** Philles Records **언제 틀까?** 썰매를 탄 다음

앨범 해설 메가 프로듀서 필 스펙터는 세속적인 크리스마스 음악에 자신의 유명한 '월 오브 사운드' 스타일을 가미하고 여러 아티스트를 녹음에 참여시켜 이 풍성하고 활기 넘치는 음반을 만들어 냈다. 거대한 하우스 파티 같은 느낌을 주는 이 앨범은 빌보드 탑 100에 진입한 더 로네츠The Ronettes의 「Sleigh Ride」를 비롯한 여러 싱글곡을 낳으며 찬사를 누렸다. 평론가들의 사랑과 아울러 엘피로 제작된 사상 최고의 크리스마스 앨범 중 하나로 인정받았고, 비치 보이스부터 머라이어 캐리에 이르기까지 수많은 아티스트에게 영감을 주었다.

바늘을 올리기 전에 썰매를 치운 다음 언덕 대신 소파에 몸을 싣는다.

Side A 마시멜로 월드Marshmallow World

초콜릿 맛이 나는 이 칵테일은 크리스마스 술잔 안에 펼쳐진 마시멜로 세계로, 온 세상에 눈이 하얗게 내렸을 때 이상적이다. 잠자리에 들기 전이나 저녁 식사를 마친 뒤 (또는 크리스마스 시즌이라면 하루 중 어느 때라도) 즐기기 좋으며, 야외 활동 후 기분 전환용으로도 인기를 누릴 것이 확실하다. 마시멜로는 오븐 팬에 놓고 오븐에 구워도 되고 주방용 토치로 구워도 된다. 초콜릿 비터스는 주류 판매점이나 온라인에서 구할 수 있다.

> 버번 45ml
> 베일리스 아이리시 크림 45ml
> 초콜릿 비터스 2대시
> 구운 마시멜로(장식용)

버번, 아이리시 크림, 비터스를 얼음과 함께 흔든다. 칵테일 잔에 걸러 붓는다. 구운 마시멜로 1개를 칵테일 스틱에 꿰어 장식한다.

Side B 토이 숍Toy Shop

토이 숍(장난감 가게) 없이 크리스마스가 가능할까? 칵테일의 기본에 해당하는 이 마실거리를 즐기며 B면의 「Parade of the Wooden Soldiers」를 듣자. 라즈베리가 얼음 속에 떠 있다가 천천히 녹으면서 스파클링 와인에 풍미와 입체감을 더하는 걸 바라보는 즐거움이란! 이 모든 것이 매력적인 홀리데이 파티를 선사한다. 재미있는 사실: 더 로켓츠The Rockettes는 1933년부터 뉴욕의 라디오시티 뮤직홀에서 「Parade of the Wooden Soldiers」에 맞춰 공연을 해 오고 있다.

6인분

> 샹보르 75ml
> 신선한 레몬 주스 60ml
> 물 1컵
> 라즈베리 6개
> 스파클링 와인 1병(750ml)

작은 피처나 볼에 샹보르, 레몬 주스, 물을 넣고 섞는다. 섞은 것을 여섯 칸짜리 얼음 틀에 고르게 붓는다. 칸마다 라즈베리를 1개씩 넣은 다음 얼린다. 내놓을 때는 이렇게 얼린 각 얼음을 칵테일 잔이나 샴페인 잔에 1개씩 넣은 다음, 스파클링 와인을 부어 잔을 채운다.

The Beach Boys

The Beach Boys'
Christmas
Album

1964

아티스트: 비치 보이스The Beach Boys　**앨범**: The Beach Boys' Christmas Album　**장르**: 선샤인 팝, 서프, 로큰롤
프로듀서: 브라이언 윌슨Brian Wilson　**레이블**: Capitol Records　**언제 틀까?**: 풀사이드 크리스마스 모임

앨범 해설 이 음반은 비치 보이스의 7번째 정규 앨범으로, 창작곡과 전통 명곡을 몽환적으로 엮었다. 기운 넘치는 서프 록에서 영감을 받은 비트와 여러 겹의 화음을 꼭꼭 눌러 담은 이 음반은 순수와 기쁨을 유쾌하게 버무린 끝에 종종 초월적인 순간까지 다다른다. 41인조 오케스트라가 뒷받침하는 웅장한 멜로디에 휩쓸려 가지 않도록만 주의하면 된다. 이 음반은 필 스펙터가 크리스마스 앨범(6쪽)을 내놓자 그 대응으로 브라이언 윌슨이 제작한 것이지만, 어쩌면 스펙터를 능가했을 뿐 아니라 이제는 비치 보이스의 가장 뛰어난 미학적 업적의 하나로 꼽는다. **바늘을 올리기 전에** 비교적 따뜻한 지역이라면 풀장 한가운데에 장식물을 띄운다. 그리고 추운 날씨를 상쇄할 수 있도록 물을 데우는 것을 잊지 마시길.

SIDE A　릴 크리스마스 쿠페Lil' Christmas Coupe

「Little Saint Nick」은 「Little Deuce Coupe」를 크리스마스에 맞도록 개작한 곡으로, 비치 보이스 특유의 화음이 돋보인다. 통통 튀는 매력적인 곡인 만큼 똑같이 매력적인 마실거리가 어울린다. 참고: 이 칵테일은 그 이름까지 완전히 즐기도록 쿠페 잔에 내놓는 것이 가장 좋지만, 샴페인 잔이라도 충분하다.

　　그랑 마니에르 22ml
　　크랜베리 사과 주스 60ml
　　스파클링 와인 60ml
　　신선한 크랜베리(장식용)

칵테일 잔에 그랑 마니에르와 크랜베리 사과 주스를 붓고 젓는다. 스파클링 와인을 부어 잔을 채운다. 신선한 크랜베리로 장식한다.

SIDE B　올드 랭 사인Auld Lang Syne

옛날 분위기를 내는 데에는 구리 머그잔 만한 것이 없다. **모스코 뮬**(Moscow Mule)의 변형판인 이 칵테일은 연말을 마무리하는 데 딱이다. 그리고 새해 맞이 축배용으로 이 마실거리를 내놓을 생각이라면 환호성을 지를 때 유리가 아닌 잔이 더 안전하다. 미드(Mead)는 꿀을 원료로 발효시킨 음료로, 8천 년 전부터 제조, 소비되어 왔다. 그런 만큼 우리가 다함께 「Auld Lang Syne」을 노래할 때는 수천 년 동안 종교 축제에 사용되어 온 재료에 대해 이야기하는 셈이다.

　　골드 미드 60ml
　　보드카 30ml
　　진저 비어 120∼180ml
　　시나몬 스틱(장식용)

구리 머그잔에 미드, 보드카, 진저 비어를 얼음과 함께 넣고 섞는다. 시나몬 스틱으로 장식한다.

럼 볼 Rum Balls

럼 볼은 덴마크의 어느 유능한 제빵사가 팔고 남은 상품을 술과 섞어 발명한 것이다. 럼 볼이 기발한 것은 굽는 과정을 거치지 않기 때문에 알코올 기운이 그대로 유지된다는 사실이다. 크리스마스 특별 간식 버전으로 만들 럼 볼은 일반적인 시럽이나 설탕을 쓰지 않고 꿀을 넣는다. 그 결과 아주 약간의 카카오와 조금 많은 양의 바닐라를 넣어 중독성 있는 맛으로 완성된 최고의 럼 볼이 탄생한다. 모든 종류의 리스닝 파티와 크리스마스 모임에 딱이다.

럼 볼 약 36개분

바닐라 웨이퍼 1봉지(340g, 으깬다)
피칸 조각 1봉지(453g, 곱게 다진다)
무가당 코코아 가루 3큰술
꿀 ½컵
다크 럼 ½컵
바닐라 엑스트랙트 ⅓작은술
정제 소금 ⅛작은술
설탕 1컵

커다란 볼에 바닐라 웨이퍼, 피칸, 코코아 가루, 꿀, 럼, 바닐라 엑스트랙트, 소금을 넣고 섞는다. 반죽을 2.5cm 크기의 경단으로 만들어 설탕 위에 굴린다. 밀폐 용기에 넣으면 최대 1개월까지 보관할 수 있다.

A SOULFUL CHRISTMAS

1968

JAMES BROWN

아티스트: 제임스 브라운 James Brown
앨범: A Soulful Christmas
장르: 펑크
프로듀서: 제임스 브라운
레이블: King Records
언제 틀까?: 크리스마스 댄스 파티

앨범 해설

제임스 브라운의 크리스마스 앨범 3종 중 두 번째는 크리스마스트리처럼 여러분을 반짝이게 할 짜릿한 음악을 선사한다. 대표곡인 「Santa Claus Go Straight to the Ghetto」를 비롯하여 이 왁자지껄한 음반은 전형적인 목가적 명절 주제를 버리고 도회적인 강렬한 열정을 추구한다. 트랙이 악기 연주로만 길게 이어질 때조차도 그 에너지로 흥이 돋는다. 제임스 브라운의 이 크리스마스 앨범은 반복해서 듣게 될 펑크 클래식의 걸작이다.

바늘을 올리기 전에

재생 목록을 준비하고, 손님들을 위해 포토 존을 만든다. 그리고 연말 스트레스를 날려 버릴 준비를 한다.

SIDE A   팃 포 탯 Tit for Tat

준비가 되었는가? 이 댄스 파티에 어울리는 칵테일 앞에 모두 줄을 서시라. 초콜릿과 라임을 혼합하여 누구나 좋아할 달콤새콤한 칵테일이다. 자, 자, 어서, 어서. 지금부터 여러분이 가장 좋아하는 크리스마스 칵테일이 될지도 모른다. 좀 별난 **사이드카**(Sidecar)일까? **다이커리**(Daiquiri)가 너무 이상하게 된 걸까? 확실한 점 하나는 이 즐거운 마실거리가 당신과 당신 그리고 당신을 위한 것이라는 사실이다.

꼬냑 45ml
신선한 라임 주스 30ml
크렘 드 카카오 30ml
앙고스투라 비터스 1대시

꼬냑, 라임 주스, 크렘 드 카카오를 얼음과 함께 흔든 다음, 칵테일 잔에 걸러 붓는다. 앙고스투라 비터스를 넣는다.

SIDE B   유나이트 더 홀 월드 Unite the Whole World

전 세계가 하나가 되게 하는 데에 커다란 볼을 가득 채운 펀치보다 좋은 것은 없다. 사실 펀치는 실제로 세계 곳곳의 재료를 사용함으로써 전 세계를 하나로 뭉쳤다. 애초에 17세기에 술과 시트러스 주스, 차, 향신료를 섞어 만들어졌으니까. 고대의 클래식을 새롭게 해석한 이 칵테일로 평화와 사랑을 위해 건배하자.

8인분

블랙 티 6티백
설탕 ½컵
신선한 오렌지 주스 ⅓컵
파인애플 주스 1컵
신선한 레몬 주스 60ml
럼 1½컵
버번 1½컵
민트 가지(장식용)
레몬 휠(장식용)

뜨거운 물 2컵에 차를 우려낸 다음, 설탕을 넣고 저어 녹인다. 혼합물을 피처에 붓고 냉장고에서 차게 식힌다. 거기에 오렌지 주스, 파인애플 주스, 레몬 주스, 럼, 버번, 차가운 물 4컵을 첨가한다. 필요하면 다시 차게 식힌 다음, 잔에 붓고 민트와 레몬으로 장식하여 내놓는다.

THE JACKSON  CHRISTMAS ALBUM

1970

아티스트: 잭슨 5 The Jackson 5 **앨범**: Christmas Album **장르**: R&B **프로듀서**: 더 코퍼레이션, 핼 데이비스 Hal Davis
레이블: Motown **언제 틀까?**: 착한 짓, 못된 짓 목록을 적을 때

앨범 해설 모타운 소속 5인조 그룹 잭슨 5는 「I Want You Back」을 시작으로 1969~70년에 4개의 싱글을 연달아 히트시키고, 그 눈부신 성공에 힘입어 이처럼 찬란하게 빛나는 크리스마스 앨범을 내놓았다. 새롭게 해석한 전통 명곡과 신곡을 버무려 탄생한 이 밝고 즐거운 음반은 신기원을 개척한 앨범으로 자리를 굳혔다. 잭슨 5의 영향은 오늘날의 크리스마스 앨범에서 여전히 느껴지며, 뉴 키즈 온 더 블록 New Kids on the Block, 엔싱크, 보이즈 투 멘(74쪽) 등 후대 아티스트에게 직접 영향을 주었다. **바늘을 올리기 전에** 산타에게 제출할 착한 짓과 못된 짓 목록을 만든다. 또는 각자 자신의 행동을 자백하는 상황이라면 '착한 짓'과 '못된 짓' 체크박스를 만들어 손님들이 스스로 답을 표시하게 한다.

SIDE A   베터 낫 크라이 Better Not Cry

눈물을 멎게 할 칵테일이 바로 여기에 있다. **그래스호퍼**(Grasshopper) 칵테일을 성인용으로 만든 것처럼 민트 맛이 나는 이 음료는 여러분을 확실하게 '착한 짓' 목록에서 벗어나지 않게 만들어 줄 즐거운 크리스마스 칵테일이다. 아마로와 압생트 덕분에 더 깊고 흥미로운 맛을 내므로 산타가 찾아올 때를 위한 대비가 확실할 수밖에 없다. 게다가 초콜릿 코포(대팻밥)을 첨가했으니 일단 한번 맛보고 나면 누구라도 착해질 수밖에 없을 것!

크렘 드 망트 30ml   아마로 15ml(몬테네그로 등)
베일리스 아이리시 크림 30ml   압생트 1바스푼
크렘 드 카카오 15ml   다크 초콜릿 코포(장식용)

크렘 드 망트, 아이리시 크림, 크렘 드 카카오, 아마로, 압생트를 얼음과 함께 흔든다. 차게 식힌 칵테일 잔에 걸러 붓고, 다크 초콜릿 코포로 장식한다.

SIDE B   키싱 클로스 Kissing Claus

당신이 엄마이고 어쩌다 보니 산타와 키스하고 있다고 해 보자. 또는 당신이 산타이고 어쩌다가 엄마와 키스할 수도 있다. 어느 쪽이든 이 칵테일은 당신을 위한 것이다. 밝고 거품 넘치는 이 즐거운 칵테일로 입 안을 산뜻하게 하면 키스 상대가 누구든 마음에 들어할 것이다. 전문가 팁: 겨우살이 아래에서 아이들에게 붙잡히지 말 것.

진 45ml
크렘 드 망트 30ml
레몬 주스 30ml
달걀 흰자 1개
민트 가지(장식용)

진, 크렘 드 망트, 레몬 주스, 달걀 흰자를 얼음과 함께 세차게 흔든다. 칵테일 잔에 걸러 붓고, 민트 가지로 장식한다.

ELVIS PRESLEY

Elvis Sings the Wonderful World of Christmas

1971

아티스트: 엘비스 프레슬리Elvis Presley **앨범:** Elvis Sings the Wonderful World of Christmas **장르:** 팝, 로큰롤
프로듀서: 펠턴 자비스Felton Jarvis **레이블:** RCA Records **언제 틀까?:** 파티가 끝나고 뒤풀이 때

앨범 해설 제왕의 두 번째 크리스마스 앨범은 1957년에 내놓은 『Elvis' Christmas Album』에 비해 더 가라앉은 분위기이다. 역시 베스트셀러에 등극한 이 앨범에서 엘비스는 「If I Get Home on Christmas Day」나 「Merry Christmas Baby」를 비롯하여 여전히 압도적인 음악을 들려 준다. 바늘을 올려 놓고 이 시즌의 의미를 느끼는 한편으로 1970년대 엘비스의 풍부하고 성숙한 중저음을 즐기자. 재미있는 사실: 타임스 스퀘어에서는 해마다 메이시스 백화점의 추수감사절 퍼레이드를 시작할 때 엘비스의 「I'll Be Home on Christmas Day」를 연주한다. 바늘을 올리기 전에 크리스마스 가족 모임이 끝난 다음 수고한 자신을 위해 칵테일을 한 잔 준비한다. 당신은 즐길 자격이 있다.

SIDE A
드림 프롬 예스터데이
Dream from Yesterday

이것은 '럼레이즌 올드패션드'라고 생각하면 된다. 이 칵테일은 이름만큼이나 훌륭한 동시에, 만들기는 간단하지만 탄성이 절로 나오는 마실거리의 좋은 예이다. **올드패션드**(Old Fashioned)를 좋아하는 사람이라면 반드시 시도해 볼 것을 권한다. 참고: 잘 만든 **드림 프롬 예스터데이**는 땅콩버터 샌드위치를 곁들일 때 더욱 빛난다(엘비스도 인정할 것이다. 여기에 바나나를 추가한 샌드위치를 좋아했으니까).

> 건포도 시럽 15ml(124쪽 참조)
> 앙고스투라 비터스 1대시
> 오렌지 비터스 1대시
> 럼 60ml(될 수 있으면 아녜호로)
> 오렌지 껍질(장식용)

온더락 잔에 건포도 시럽과 비터스를 넣고 젓는다. 럼과 얼음을 첨가한다. 짧게 저어 차게 식힌다. 오렌지 껍질로 장식한다.

SIDE B
블루 크리스마스
Blue Christmas

연말연시에 엘비스를 생각할 때면 그의 크리스마스 대표곡인 「Blue Christmas」를 떠올리지 않을 수 없다. 이 유명한 노래는 음반의 오리지널판에는 수록되지 않았지만 나중에 재발매판에 수록됐고, 수많은 애청자가 이 앨범에서 이 노래를 연상하는 것도 그 때문이다. 단맛보다는 균형을 추구한 이 마실거리는 노래와 짝을 이루는 우울한 홀리데이 칵테일이다. 제왕에게 진정으로 잘 어울린다.

> 화이트 럼 22ml
> 블루 큐라소 45ml
> 화이트 크랜베리 주스 22ml
> 신선한 라임 주스 22ml
> 라임 껍질(장식용)

럼, 큐라소, 크랜베리 주스, 라임 주스를 얼음과 함께 흔든 다음, 칵테일 잔에 걸러 붓는다. 라임 껍질로 장식한다.

Motown Christmas

Various

아티스트: 여러 아티스트
앨범: Motown Christmas
장르: 펑크, 소울, 팝
프로듀서: 여러 프로듀서
레이블: Motown
언제 틀까?: 트리 꾸미기 파티에서

앨범 해설 1960년대 모타운 최고의 히트곡 퍼레이드인 이 두 장짜리 엘피 음반은 템테이션스The Temptations의 「Little Drummer Boy」 같은 곡으로 매력을 자아내고, 스티비 원더Stevie Wonder의 「Ave Maria」 같은 노래로 영적인 깊이를 더한다. 또 마이클 잭슨Michael Jackson의 애절한 「Little Christmas Tree」도 수록되어 있는데, 이것은 팔리아먼트 펑카델릭Parliament-Funkadelic의 조지 클린턴George Clinton과 함께 쓴 곡이다. 감성적이고 우아하며 부드러운 『Motown Christmas』는 시대를 초월한 아름다움을 간직하고 있어 엘피 애호가라면 누구나 알아야 할 크리스마스 명반이 되었다.
바늘을 올리기 전에 팝콘을 며칠 일찍 튀겨 두면 바늘과 실로 쉽게 꿸 수 있다(트리 장식용).

SIDE A 올 디즈 씽스 앤 모어
All These Things and More

스티비 원더는 「What Christmas Means to Me」라는 곡에서 겨우살이와 반짝이는 장식등, 눈, 가물거리는 촛불 등 크리스마스를 크리스마스답게 만드는 수많은 것 중 몇 가지를 이야기한다. 그리고 그릇 가득 담긴 펀치만큼이나 "이런 모든 것뿐 아니라 더 많은 것들"에 해당하는 것은 없다. 이 펀치는 '열대의 브랜디'로, 파인애플과 세이지를 결합하여 허브 향과 새콤한 맛을 아우른 정말로 감칠맛 나는 마실거리이다. 참고: 차게 식힌 재료부터 시작한다.

8인분

브랜디 360ml
신선한 파인애플 주스 180ml
신선한 라임 주스 45ml
신선한 레몬 주스 45ml
심플 시럽 60ml

클럽 소다 240ml
레몬 휠(장식용)
라임 휠(장식용)
세이지 잎(장식용)

커다란 펀치 볼에 브랜디, 파인애플 주스, 라임 주스, 레몬 주스, 심플 시럽, 클럽 소다를 한데 넣는다. 짧게 저어 섞고, 각 얼음을 한 스쿱 첨가하여 펀치를 차게 유지한다. 레몬 휠, 라임 휠, 세이지 잎으로 펀치를 장식하거나 각각의 잔을 장식한다.

SIDE B 리틀 트리 Little Tree

마이클 잭슨의 노래 「Little Christmas Tree」를 기리는 이 칵테일에서 로즈메리 가지는 크리스마스트리를 상징한다. 전설에 따르면 당시 워너브라더스 전속 작곡가였던 팔리아먼트 펑카델릭의 조지 클린턴의 도움을 받아 단 이틀 만에 이 곡을 썼다고 한다. 두 사람은 시대를 초월하는 크리스마스 명곡을 지은 것이다.

버번 위스키 60ml
신선한 레몬 주스 30ml
로즈메리 시럽 15ml(124쪽 참조)
로즈메리 가지(장식용)

위스키, 레몬 주스, 로즈메리 시럽을 얼음과 함께 흔든다. 칵테일 잔에 걸러 붓고, 로즈메리 가지로 장식한다.

Natty Christmas

Jacob Miller

1978

아티스트: 제이콥 밀러Jacob Miller
앨범: Natty Christmas
장르: 레게
프로듀서: 타우터 하비Touter Harvey,
　　　　　이언 루이스Ian Lewis, 레이 아이Ray I
레이블: Top Ranking International
언제 틀까?: 직장 파티가 끝나고 뒤풀이 때

앨범 해설 이 신나는 크리스마스 레게 앨범을 타고 자메이카로 떠나자. 가수 제이콥 밀러는 1980년 스물일곱의 나이에 자동차 사고로 비극적으로 생을 마감할 때까지 솔로로서 많은 곡을 발표하고 이너 서클 Inner Circle의 멤버로도 활동했다. 『Natty Christmas』는 그의 창의성과 재능을 잘 보여 주는 앨범의 하나로, 익숙한 노래가 카리브해의 차분한 송가로 탈바꿈하는 재미있는 엘피이다. 크리스마스 시즌이면 자메이카를 방문할 때는 물론이고 전 세계에서 이 음반을 자주 듣게 될 것이다.

바늘을 올리기 전에 직장에서 입었던 정장을 벗고 뭔가 더 편안한 옷으로 갈아입는다.

SIDE A　내티 클로스 Natty Claus

상쾌하면서도 일격을 간직한 이 망고와 로즈메리 조합에 산타는 목이 마르다. 답답한 빨간색 의상을 벗어 버리고 남국의 흥취를 빨아들이자.

화이트 럼 60ml
망고 퓌레 60ml
로즈메리 시럽 15ml(124쪽 참조)
로즈메리 가지(장식용)

럼, 망고, 로즈메리 시럽을 얼음과 함께 흔든 다음, 온더락 잔에 붓는다. 로즈메리 가지로 장식한다.

SIDE B　이스마스 데이 Ismas Day

카리브해식 에그노그인 이 칵테일은 여러분에게 더 익숙한 전통적 레시피를 퇴폐적으로 재해석한 것이다. 일단 그 차이를 경험하고 나면 다시는 예전으로 돌아갈 수 없을지도 모른다는 점에 유의할 것. 맛이 잘 섞이게 하려면 만든 다음 하루를 묵혀 두는 것이 가장 좋다. 그렇게나 오래도록 참고 기다릴 수 있기만 하다면!

6인분

큰 달걀 6개
강판에 간 라임 제스트 2작은술
가당 연유 3캔(397g짜리)
무가당 연유 ¾컵
다크 럼 300ml
앙고스투라 비터스 30ml
육두구 가루 ¼작은술

커다란 볼에 달걀과 라임 제스트를 넣고 핸드 믹서로 부드러워질 때까지 휘젓는다. 계속 휘저으면서 가당 연유와 무가당 연유를 첨가한다. 럼, 비터스, 육두구를 저어 넣고 병이나 피처에 옮겨 담는다. 냉장고에서 최소 1시간 동안 식힌 다음, 잘게 부순 얼음을 넣은 잔에 담아낸다.

A Very Special Christmas

Various Artists

1987

아티스트: 여러 아티스트
앨범: A Very Special Christmas
장르: 팝, 로큰롤
프로듀서: 지미 아이어빈Jimmy Iovine
레이블: A&M Records
언제 틀까?: 쿠키 굽기 파티

앨범 해설 스페셜 올림픽을 후원하기 위해 만들어진 앨범 시리즈 중 첫 번째로, 유명한 지미 아이어빈의 손을 거쳐 제 작된 이 음반은 휘트니 휴스턴Whitney Houston, 브라이언 애 덤스Bryan Adams, 유투U2, 스팅Sting, 브루스 스프링스틴Bruce Springsteen 등 당대 최고 아티스트의 노래를 꼭꼭 눌러 담았다. 앨리슨 모예Alison Moyet가 부르는 전통적 캐럴부터 춤추기 좋 은 런 디엠씨Run-D.M.C.의 「Christmas in Hollis」에 이르기까지 누구나 즐길 거리를 찾아낼 수 있다. 마돈나Madonna까지 참 여하여 「Santa Baby」를 통속적으로 노래한다. 키스 해링Keith Haring이 디자인한 재킷이 1980년대 말의 느낌을 완성한다.

바늘을 올리기 전에 쿠키 굽기 파티의 비결은 얼마간은 미 리 만들어 곧바로 쿠키 장식을 시작할 거리를 준비해 두는 것 이다. 또 쿠키를 굽는 엘프들의 기분을 북돋울 수 있도록 간식 도 몇 가지 준비한다.

SIDE A 칠린 라이크 어 스노맨Chillin' Like a Snowman

크림 가득한 이 칵테일로 눈사람처럼 멋지게 변신한다. 너무나 맛있는 이 마실 거리에서 유일하게 부족한 것은 선글라스이다.

파스티스 22ml
크렘 드 카카오 30ml
헤비 크림 37.5ml(없으면 생크림)

파스티스, 크렘 드 카카오, 헤비 크림을 얼 음과 함께 흔든 다음, 칵테일 잔에 걸러 붓는다.

SIDE B 산타 베이비Santa Baby

「Santa Baby」라는 노래는 1953년 어사 키트Eartha Kitt가 처음으로 불렀다. 선정 적인 가사 때문에 미국 남부 여러 주에서는 금지되기도 했다. 예상대로 이 노 래는 그 해 베스트셀러가 됐고, 이어 크리스마스 시즌에 빠질 수 없는 명곡으 로 등극했다. 마돈나는 산타마저도 주목할 만한 이 섹시한 무화과 마티니와 어 울리는 최고의 무대를 선사한다.

진 60ml
스위트 베르무트 30ml
반으로 가른 신선한 무화과(장식용)

진, 스위트 베르무트를 얼음과 함께 저 은 다음, 칵테일 잔에 걸러 붓는다. 반 으로 가른 무화과 조각으로 장식한다.

Mariah Carey

1994

MERRY CHRISTMAS

아티스트: 머라이어 캐리Mariah Carey 앨범: Merry Christmas 장르: 팝, R&B
프로듀서: 머라이어 캐리, 월터 아파나시에프Walter Afanasieff, 로리스 홀랜드Loris Holland
레이블: Columbia 언제 틀까?: 로맨틱한 크리스마스 저녁 만찬

앨범해설 머리글자가 MC인 만큼, 머라이어 캐리는 메리 크리스마스 앨범을 내놓을 운명이었을까? 차트 1위를 기록한 걸작인 머라이어 캐리의 4번째 음반에는 메가 히트곡 「All I Want for Christmas Is You」가 수록되었다. 클래식한 필 스펙터 곡의 화음과 땡그랑거림이 돋보이는 이 노래는 역대 가장 많이 팔린 싱글 중 하나로서 26개국에서 차트에 올랐다. 자신감과 활기가 가득한 앨범 『Merry Christmas』는 가스펠과 만난 걸팝의 강렬한 열정을 자아내기에 누구라도 MC가 MC를 노래하는 것은 운명일 수밖에 없다는 점에 동의할 것이다.

바늘을 올리기 전에 조리를 위한 공간을 사전에 준비하고, 잊지 말고 조명을 어둑하게 만든다.

SIDE A 유, 베이비You, Baby

머라이어 캐리가 크리스마스에 원하는 것은 오직 당신… 그리고 어쩌면 거품 가득한 이 칵테일뿐일 것이다. 크리스마스의 여왕이 부르는 노래를 들을 때라면 이 칵테일이 올바른 선택임이 확실하다. 오르쟈 시럽은 주류 판매점이나 온라인에서 구할 수 있지만, 이 책 125쪽에도 쉽게 만들 수 있는 레시피를 소개해 두었다.

꼬냑 45ml
오르쟈 15ml(125쪽 참조)
신선한 레몬 주스 7.5ml
스파클링 와인 45ml

꼬냑, 오르쟈, 레몬 주스를 얼음과 함께 흔든다. 칵테일 잔에 걸러 붓고, 스파클링 와인을 부어 잔을 채운다.

SIDE B 트윙클링 라이츠Twinkling Lights

수록곡인 「Miss You Most (At Christmas Time)」의 노래 속 주인공은 창밖으로 반짝이는 장식등을 바라보며 연인을 그리워한다. 이 칵테일에서 각설탕은 스파클링 로제의 거품을 일으키기 때문에 반짝이는 장식등과 닮았다. 무척 아름다우며, 맛 또한 너무나 좋아서 누구라도 고민거리를 잊어버리게 될 것이다.

각설탕 1개
오렌지 비터스 1대시
로제 스파클링 와인 180ml

각설탕과 비터스를 샴페인 잔에 넣는다. 스파클링 와인을 부어 잔을 채운다.

1- O HOLY NIGHT
2- DANNY BOY
3- BRAHMS WIEGENLIED
4-I WONDER AS I WANDER

5- NO CANDLE WAS THERE
        AND NO FIRE.
6- STILLE NACHT
VOCAL~ANNA DAUBE .
ACC~NANCY HONEGGER~ROY

33 1/3 rpm

SHERYL CROW

HOME FOR CHRISTMAS

2008

아티스트: 셰릴 크로 Sheryl Crow **앨범:** Home for Christmas **장르:** 컨트리, 재즈
프로듀서: 빌 보트렐 Bill Bottrell **레이블:** A&M Records **언제 틀까?:** 크리스마스트리 가게를 다녀온 뒤

앨범 해설 셰릴 크로의 경쾌하면서도 차분한 크리스마스 앨범에는 영혼이 담겨 있다. 원래는 홀마크 매장에서만 독점 발매된 『Home for Christmas』는 탄탄한 음악성과 열정적인 노래로 크리스마스 분위기를 한껏 끌어올린다. 1993년 앨범 『Tuesday Night Music Club』과 함께 세계적인 스타로 발돋움하게 만든 강력한 가창력이 이 앨범에 이르러서는 절정에 다다른 아티스트의 진면목을 보여 준다. 오랫동안 사랑받을 이 앨범은 특히 엘피로 즐길 때 더욱 만족감이 크다.
바늘을 올리기 전에 톱을 내려놓고 솔잎을 치운 다음 흔들의자에 앉는다.

SIDE A 홀리 라이트 Holy Light

셰릴 크로의 앨범은 「Go Tell It on the Mountain」으로 시작하는데, 양떼를 지키는 양치기들이 거룩한 빛(홀리 라이트)과 만난다는 내용이다. 두려움에 떠는 가여운 양치기들에게 이 칵테일이 도움이 되리라는 것을 상상할 수 있다. 그렇지만 언제 즐겨도 좋은 맛과 거품을 자랑한다.

> 버번 위스키 30ml
> 서던 컴포트 15ml
> 심플 시럽 1바스푼
> 스파클링 와인 90ml
> 오렌지 트위스트(장식용)

위스키, 서던 컴포트, 심플 시럽을 얼음과 함께 젓는다. 샴페인 잔이나 칵테일 잔에 걸러 붓고, 스파클링 와인을 부어 잔을 채운다. 오렌지 트위스트로 장식한다.

SIDE B 롱 로드 백 Long Road Back

「I'll Be Home for Christmas」라는 노래처럼, 명절을 맞아 고향을 향해 먼 여행길에 오를 때가 있다. 이 '피칸 올드패션드'는 산을 넘고 물을 건너 귀향한 여행자를 환영할 때 이상적인 마실거리이다. 피칸 시럽은 아주 쉽게 만들 수 있고 다양한 칵테일에 사용할 수 있다.

> 피칸 시럽 15ml(124쪽 참조)
> 앙고스투라 비터스 2대시
> 버번 위스키 60ml

온더락 잔에 피칸 시럽과 비터스를 넣고 젓는다. 위스키와 커다란 각 얼음 1개를 첨가한다. 짧게 저어 차게 식힌다.

BOB DYLAN CHRISTMAS IN THE HEART 2009

아티스트: 밥 딜런Bob Dylan **앨범**: Christmas in the Heart **장르**: 팝/록, 컨트리
프로듀서: 잭 프로스트 Jack Frost(밥 딜런의 예명) **레이블**: Columbia **언제 틀까?**: 트리에 피클 모양 장식물을 숨길 때

앨범 해설 이 앨범이 나올 것이라 생각한 사람은 아무도 없었고, 지금도 많은 사람이 이 음반이 있다는 사실을 믿지 못한다. 하지만 2009년 이 앨범이 굴뚝을 타고 떨어졌고, 밥 딜런 특유의 목소리로 듣는 크리스마스 음악은 확실히 커다란 선물이다. 뭍으로 외박을 나와 비틀비틀 겨우 살이를 찾는 술 취한 선원처럼 날것 그대로의 목소리로 들려 주는 이 음유 시인의 크리스마스 명곡집은 감동적이고 진실하게 다가와, 생명 없이 감상적이기만 한 모든 양산형 크리스마스 앨범으로 인한 피로를 씻어 내 준다.

바늘을 올리기 전에 칵테일에 절여지는 동안 피클 장식물을 숨기는 일을 잊지 말도록!(피클 장식을 발견한 사람은 상을 받는 풍속이 있다)

SIDE A 굿니스 앤 라이트 Goodness and Light

지금은 유명해진 노래 「Do You Hear What I Hear?」는 1962년 노엘 레그니 Noël Regney와 글로리아 셰인 베이커 Gloria Shayne Baker가 쿠바 미사일 사태 당시 평화를 호소하며 쓴 곡이다(빙 크로스비가 불러 히트곡이 됐다). **쿠바 다이커리**에 변화를 준 이 맛있는 칵테일을 홀짝이며 세계 평화를 기원하자.

> 화이트 럼 60ml
> 올스파이스 드램 7.5ml
> 라임 주스 22ml
> 심플 시럽 7.5ml
> 앙고스투라 비터스 1대시

럼, 올스파이스 드램, 라임 주스, 심플 시럽, 비터스를 얼음과 함께 흔든다. 칵테일 잔에 걸러 붓는다.

SIDE B 댓 세임 스타 That Same Star

「The First Noel」이라는 노래와 짝을 이루는 이 향긋한 칵테일에서 팔각(스타 아니스)은 칵테일을 장식하는 별이다. 석류와 시나몬은 서로 잘 어울리며, 여기서는 위스키와 결합하여 훌륭한 효과를 발휘한다. 나아가 이 마실거리는 크리스마스의 본래 의미에 맞게 박사들을 구유로 불러들이는 석류석 색을 띤다.

> 버번 위스키 45ml
> 석류 주스 60ml
> 볶은 시나몬 시럽 15ml(124쪽 참조)
> 앙고스투라 비터스 1대시
> 팔각(장식용)

위스키, 석류 주스, 시나몬 시럽, 비터스를 얼음과 함께 흔든다. 칵테일 잔에 걸러 붓고 팔각으로 장식한다.

JUSTIN BIEBER
UNDER THE MISTLETOE

2011

아티스트: 저스틴 비버 Justin Bieber **앨범:** Under the Mistletoe **장르:** 팝

프로듀서: 트리키 스튜어트 Tricky Stewart, 에런 피어스 Aaron Pearce, 더 메신저스 The Messengers, 쿠크 허렐 Kuk Harrell, 숀 K Sean K, 버나드 하비 Bernard Harvey, 조시 크로스 Josh Cross, 머라이어 캐리, 제임스 "빅 짐" 라이트 James "Big Jim" Wright, 랜디 잭슨 Randy Jackson, 저스틴 비버, 앤트완 "아마데어스" 톰슨 Antwan "Amadeus" Thompson, 부기 위저드 Boogie Wizzard, 크리스 브라운 Chris Brown, 나스리 Nasri, 닉 터핀 Nick Turpin, 제이 리얼 Jay Riehl **레이블:** Island, RBMG, Schoolboy **언제 틀까?:** 빌리버(저스틴 비버의 팬덤)들의 브런치

앨범 해설

2011년. 십대 아이돌이던 저스틴 비버는 산타 모자를 쓰고 크리스마스 음악 시장에 뛰어들었다. 『Under the Mistletoe』는 남성 아티스트의 크리스마스 앨범이 1위로 데뷔한 최초의 음반이다. '빌리버'가 아닌 사람이라도 그가 이 음반을 거저먹기로 히트시킨 건 아니라는 점을 알아 두자. 실제로 그는 수록곡 15곡 중 9곡을 공동으로 작곡했다. 이 음반은 (크리스마스 동안 우연히 생겨나는) 인간관계를 조명하는 매력적인 앨범이다. 그 결과는 대담하고 신선하며, 향후 재능 있는 성인 아티스트로 성장할 비버의 모습을 예고한다.

바늘을 올리기 전에

손님들이 직접 가져다 먹을 수 있도록 브런치 음식을 준비한다. 당신은 겨우살이 아래에서 바쁜 시간을 보낼 테니까.

SIDE A (언더 더) 미슬토 (Under the) Mistletoe

미모사(Mimosa)는 훌륭한 칵테일이며, 술이 무한정 제공되는 브런치가 마음을 여는 데 어떤 영향을 주는지는 누구나 잘 안다. 하지만 미도리 미모사를 마셔 보았는가? 크리스마스 식으로 만든 이 연두색 칵테일만 있으면 여러분은 어느새 겨우살이 아래에서 키스하고 있을 것이다.

미도리 30ml 스파클링 와인 150ml
쿠앵트로 7.5ml 레몬 트위스트(장식용)

미도리, 쿠앵트로, 스파클링 와인을 샴페인 잔에 넣고 섞는다. 레몬 트위스트로 장식한다.

SIDE B 비 마이 홀리데이 Be My Holiday

저스틴 비버가 당신에게 나의 크리스마스가 되어 달라고 말한다면 당신은 믿을 수 있을까? 『Christmas Eve』에서 그렇게 노래하는데, 이것은 크리스마스 노래이기도 하면서 발렌타인 노래이기도 하다. 혹시라도 진짜로 그런 일이 일어날 경우를 대비하여, 축제 분위기가 나는 거품 가득한 이 빨간 칵테일을 준비하자.

보드카 30ml
히비스커스 시럽 15ml(124쪽 참조)
스파클링 와인 120ml

보드카, 히비스커스 시럽, 스파클링 와인을 샴페인 잔에 넣고 섞는다.

CeeLo's Magic Moment

CEELO GREEN

2012

아티스트: 씨로 그린CeeLo Green **앨범:** Cee Lo's Magic Moment **장르:** R&B, 소울, 펑크
프로듀서: 아담 안데르스 Adam Anders, 페르 오스트룀 Peer Åström **레이블:** Elektra, Warner Bros. **언제 틀까?:** 어글리 스웨터 파티

앨범 해설 파티가 시작될 만큼 사람을 흥분시키는 크리스마스 앨범은 별로 없는데, 그 어려운 일을 씨로가 해냈다. 활기차고 심지어 스릴 넘치기까지 한 씨로 그린의 4번째 앨범은 북적북적한 분위기를 통해 즐겁고 신선한 느낌을 준다. 그리고 크리스티나 아길레라 Christina Aguilera, 로드 스튜어트 Rod Stewart, 스트레이트 노 체이서 Straight No Chaser, 트롬본 쇼티 Trombone Shorty 등 다수의 아티스트가 참여하여 전통 명곡을 새롭게 해석함으로써 이 화려하고 의기양양한 앨범에 저마다의 독특한 활기를 불어넣었다.

바늘을 올리기 전에 미처 쪽지를 받지 못한 손님들을 위해 못생긴 스웨터를 몇 벌 더 준비한다.

SIDE A   파이어사이드 블레이즈 Fireside Blaze

씨로 그린은 소울 싱어 도니 해서웨이 Donny Hathaway가 만든 「This Christmas」를 멋들어지게 부른다. 그에 맞춰 향신료와 꿀 그리고 따스한 느낌이 가득한 **파이어사이드 블레이즈** 칵테일을 준비한다.

숙성 럼 30ml
칼바도스 30ml
올스파이스 드램 7.5ml
신선한 레몬 주스 22ml
심플 시럽 15ml
오렌지 트위스트(장식용)

럼, 칼바도스, 올스파이스 드램, 레몬 주스, 심플 시럽을 얼음과 함께 흔든 다음, 커다란 각 얼음 1개를 넣은 온더락 잔에 걸러 붓는다. 오렌지 트위스트로 장식한다.

SIDE B   스테이 그린 Stay Green

새콤달콤한 매력을 지닌 클래식 **미도리 사워**(Midori Sour)를 바탕으로 하는 이 칵테일로 파릇파릇함을 유지하자. 못난이 스웨터를 입을 때 이보다 더 나은 칵테일은 없을 것이다. 씨로 그린의 흥에 맞춰 춤을 추는 동안 흘리지만 않도록 주의하자.

코코넛 럼 45ml
미도리 45ml
신선한 레몬 주스 22ml
샤르트뢰즈 리큐어 1바스푼(원할 경우)

럼, 미도리, 레몬 주스, (원할 경우) 샤르트뢰즈를 얼음과 함께 흔든 다음, 칵테일 잔에 걸러 붓는다.

Kelly Clarkson

Wrapped in Red

2013

아티스트: 켈리 클락슨 Kelly Clarkson **앨범:** Wrapped in Red **장르:** 팝, 재즈, 컨트리, 소울
프로듀서: 그레그 커스틴 Greg Kurstin **레이블:** RCA Records **언제 틀까?:** 눈으로 천사를 만든 다음

앨범 해설 켈리 클락슨은 『어메이칸 아이돌 *American Idol*』이라는 텔레비전 프로그램의 첫 시즌에 미국 음악계에 등장한 뒤로 10년 만에 베스트셀러 크리스마스 앨범을 발표했다. 더 이상 신인이 아닌 데다 그래미 상도 몇 차례 받은 그녀는 소울, 재즈, 팝, 컨트리 등 여러 장르를 잘 결합한 음반을 녹음했다. 전체적으로 볼 때 이 엘피는 필 스펙터(6쪽)의 화려한 스타일에 경의를 표하는 즐거운 소리를 들려 준다.

바늘을 올리기 전에 눈에 젖은 몸을 말린 다음 빨간 담요로 몸을 감싸고 체온을 되찾는다.

SIDE A 랩트 인 레드 Wrapped in Red

이 칵테일은 크랜베리 스프리츠의 하나라고 생각하면 된다. 선물을 개봉하거나 눈을 뭉쳐 아기 천사를 만드는 파티에서 별미로 내놓기에 안성맞춤이다. 가볍고 상쾌하며 거품 가득한 이 칵테일은 크리스마스 시즌의 어떤 자리에서도 잘 어울린다.

아페롤 60ml
크랜베리 주스 60ml
스파클링 와인 120ml
레몬 껍질(장식용)
신선한 크랜베리(장식용)

얼음을 넣은 와인 잔에 아페롤, 크랜베리 주스, 스파클링 와인을 넣고 섞는다. 레몬 껍질과 크랜베리로 장식한다.

SIDE B 에인절스 인 더 스노 Angels in the Snow

속눈썹에 온통 눈이 내린 것 같은 이 진한 화이트 핫 초콜릿 칵테일은 여러분을 뼛속까지 따뜻하게 해 줄 것이다. 이 퇴폐적인 마실거리는 켈리 클락슨의 달래는 듯한 목소리와 함께 즐길 때 더욱 맛있다.

4인분

우유 4컵
화이트 초콜릿 칩 1컵
바닐라 엑스트랙트 1작은술
럼 180ml

중간 크기 소스팬을 중불~약불에 올려 놓고 그 안에 우유, 초콜릿 칩, 바닐라 엑스트랙트를 넣고 섞는다. 초콜릿이 다 녹고 혼합물이 부드러워질 때까지 거품기로 계속 젓는다. 불에서 내린 다음, 저으면서 럼을 부어 넣는다. 머그잔에 한 잔씩 따라 내놓는다.

GWEN STEFANI
You Make It Feel Like Christmas
2017

아티스트: 그웬 스테파니 Gwen Stefani   **앨범:** You Make It Feel Like Christmas   **장르:** 팝/록
프로듀서: 버스비 Busbee, 에릭 밸런타인 Eric Valentine   **레이블:** Interscope Records   **언제 틀까?:** 진저브레드를 꾸밀 때

앨범 해설 노 다웃 No Doubt의 리드 싱어였던 그웬 스테파니는 신선하기 그지없는 이 크리스마스 앨범에서 자신의 다재다능한 면모를 드러낸다. 전통 명곡과 신곡을 빠른 템포로 들려 주는 『You Make It Feel Like Christmas』는 스테파니가 독특하다는 것을 다시 한번 상기시켜 주는 훌륭한 음반이다. 한번 들어 보면 스테파니가 앨범을 또 내놓도록 설득해 달라고 산타클로스에게 부탁하게 될 것이다.

바늘을 올리기 전에 진저브레드 꾸미기 파티를 시작하기 전에 사람들이 기다리지 않도록 진저브레드를 미리 구워 둔다. 스무 개 남짓 준비해 두면 재미나는 파티를 바로 시작할 수 있다.

SIDE A 브라이트 라이트 Bright Light

「You Make It Feel Like Christmas」라는 곡은 크리스마스 장식 등과 썰매 종, 반짝이는 별 같은 것을 노래한다. 이 칵테일은 여기서 영감을 받아 깊고 자극적인 맛을 내도록 만든 마실거리이다. 건포도 시럽은 만들기가 쉽고, 그래서 크리스마스 시즌 내내 칵테일을 만들 때 사용하게 될 것이다.

> 숙성 럼 45ml
> 배 넥타 30ml
> 건포도 시럽 15ml(124쪽 참조)
> 라임 주스 7.5ml
> 앙고스투라 비터스 1대시

럼, 배 넥타, 건포도 시럽, 라임 주스, 비터스를 얼음과 함께 흔든다. 칵테일 잔에 걸러 붓는다.

SIDE B 트림 마이 트리 Trim My Tree

크리스마스 무렵이 제철인 블러드 오렌지가 이 칵테일의 주인공이다. 「Santa Baby」라는 노래에서 그웬 스테파니가 산타에게 부탁하는 것처럼 이것은 트리를 꾸미는 파티를 위한 펀치이다. 오렌지 휠과 로즈메리 가지(트리를 상징)로 아름답게 장식한 이 마실거리는 겨울의 어떤 모임에서도 기억에 남을 만한 칵테일 펀치가 될 것이다. 참고: 최고의 결과물을 얻으려면 재료를 차게 식혀 둔다.

14인분

> 위스키 360ml
> 아페롤 600ml
> 신선한 블러드 오렌지 주스(또는 오렌지 주스) 300ml
> 심플 시럽 180ml
> 스파클링 와인 1병(750 ml)
> 클럽 소다 1병(750 ml)
> 블러드 오렌지 휠(장식용)
> 로즈메리 가지(장식용)

커다란 펀치 볼에 위스키, 아페롤, 오렌지 주스, 심플 시럽을 넣고 저어 섞는다. 스파클링 와인과 클럽 소다를 첨가하고 짧게 젓는다. 각 얼음 몇 개를 넣어 펀치를 차게 유지하고, 오렌지 휠과 로즈메리 가지로 장식한다.

진저브레드 쿠키

「You Make It Feel Like Christmas」라는 곡에서 그웬 스테파니는 당밀로 만든 진저브레드를 언급한다. 많은 사람에게 진저브레드는 크리스마스 시즌의 큰 부분을 차지하며, 이것으로 사람 모양을 만들거나 과자 집까지 만들 수 있다. 레시피는? 찍는 쿠키에 가깝기 때문에 게으른 칵테일을 즐기는 사람에게 딱이다. 손재주가 좋은 친구들이 오후 내내 반죽을 밀고 자르고 조합하는 동안 쫄깃하게 즐길 간단한 쿠키로 생각하자.

약 24개분

- 무염 버터 1컵(부드럽게 만든다)
- 흑설탕 1컵
- 큰 달걀 1개
- 당밀 ¼컵
- 밀가루(중력분) 2½컵
- 베이킹 소다 2작은술
- 정제 소금 ½작은술
- 생강 가루 1큰술
- 시나몬 가루 1작은술
- 정향 가루 1작은술
- 육두구 가루 ½작은술
- 올스파이스 가루 ½작은술
- 오렌지 제스트 2큰술
- 그래뉴당 ⅔컵

커다란 볼에 버터, 흑설탕, 달걀, 당밀을 넣고 푹신해질 때까지 핸드 믹서로 섞어 준다. 중간 크기 볼에 밀가루, 베이킹 소다, 소금, 생강, 시나몬, 정향, 육두구, 올스파이스를 넣고 섞는다. 마른 재료를 젖은 재료에 천천히 섞어 넣는다. 오렌지 제스트를 첨가하고 고루 섞어 준다. 볼 뚜껑을 덮고 2시간 동안 냉장고에서 숙성한다. 오븐을 180℃로 예열한다. 오븐 팬에 베이킹 페이퍼를 깔고, 얕은 볼에 그래뉴당을 넣는다. 반죽을 2.5cm 크기의 공 모양으로 만든 다음 그래뉴당에 굴린다. 오븐 팬에 공 모양 반죽을 5cm 간격으로 늘어 놓고 8~10분 동안 또는 겉은 굳고 속은 부드러운 상태가 될 때까지 굽는다. 쿠키를 오븐 팬 위에서 그대로 2분 정도 식혔다가 식힘망으로 옮긴다.

Christmas Christmas
Cheap Trick
Cheap Trick

2017

아티스트: 칩 트릭Cheap Trick **앨범**: Christmas Christmas **장르**: 하드 록, 파워 팝
프로듀서: 칩 트릭, 줄리언 레이먼드Julian Raymond **레이블**: Big Machine Records **언제 틀까?**: 크리스마스 파티의 군주를 임명할 때

앨범 해설 베테랑 로커들이 모인 칩 트릭은 이 짜릿한 크리스마스 앨범에 감동과 놀라움을 가득 담았다. 이들은 전통적인 크리스마스 명곡에 얽매이기보다 라몬즈Ramones나 척 베리Chuck Berry, 킹크스Kinks 등 다른 록 거장들의 뒤를 이어 크리스마스 노래를 해석한다. 원래 해리 닐슨Harry Nilsson이 녹음한 곡을 격정적으로 다시 부른「Remember (Christmas)」가 있고, 1970년대에 영국의 록 밴드 슬레이드Slade가 처음으로 녹음한「Merry Xmas Everybody」도 새롭게 불렀다. 그 결과 장르를 초월하는 음악 컬렉션이 탄생하여, 크리스마스를 그냥 즐겁기만 한 것이 아니라 록으로 즐기는 명절로 바꿔 놓았다.

바늘을 올리기 전에 중세기 영국에서는 크리스마스 기간 동안 흥청망청 술잔치를 벌일 때 '미스룰의 군주(Lord of Misrule)'를 뽑아 진행을 맡겼다. 여러분이 주인공이 될 수 있는 순간이라고 생각하자.

SIDE A
링어딩딩Ring-A-Ding-Ding

칩 트릭이「I Wish It Was Christmas Today」를 부르는 동안 썰매 종이 '링어딩딩' 울리는 소리를 듣자.『새터데이 나이트 라이브 Saturday Night Live』에서 유명해진 이 노래는 그 뒤로 케이티 페리Katy Perry부터 스트록스Strokes, 더 머펫츠The Muppets, 아리아나 그란데까지 모두가 불렀다. 이 칵테일은 클래식한 **비쥬**(Bijou) 칵테일을 변형한 것으로, 트렌디한『SNL』관객이 완벽하게 즐길 만한 허브 맛이 난다.

> 블랑코 데킬라 30ml
> 메스칼 15ml
> 라임 주스 30ml
> 히비스커스 시럽 15ml(124쪽 참조)
> 룩사르도 마라스키노 리큐어 1바스푼
> 아마레나 체리(장식용)

데킬라, 메스칼, 라임 주스, 히비스커스 시럽, 마라스키노 리큐어를 얼음과 함께 젓는다. 칵테일 잔에 걸러 붓고 체리로 장식한다.

SIDE B
몰 산타Mall Santa

킹크스의「Father Christmas」는 쇼핑몰의 산타 관점에서 부르는 재미있는 곡이다. 여러분이 수많은 아이를 위해 하루 종일 산타클로스인 척 한다고 상상해 보자. 술의 힘을 빌려야 할 것이고 그 술을 감출 곳도 필요할 것이다. 이왕이면 쇼핑몰에 가서 그 역할을 한번 경험해 보면 더 완벽할 것이다.

> 핫 초콜릿 1봉지
> 파이어볼 위스키 45ml
> 휘핑 크림(위에 얹을 것)

포장에 적힌 대로 핫 초콜릿을 만든다. 파이어볼 위스키를 첨가하고, 휘핑 크림을 위에 얹는다.

EVERYDAY
IS
CHRISTMAS,
SIA

44

2017

아티스트: 시아Sia　**앨범**: Everyday Is Christmas　**장르**: 팝　**프로듀서**: 그레그 커스틴
레이블: Atlantic, Monkey Puzzle Records　**언제 틀까?**: 크리스마스 장식물을 직접 만들 때

앨범 해설 2014년 히트 앨범 『1000 Forms of Fear』로 슈퍼스타에 등극한 오스트레일리아의 싱어송라이터 시아는 2016년 차트 1위를 차지한 노래 「Cheap Thrills」가 수록된 또 하나의 히트 앨범을 내놓았다. 연이어 대성공을 거둔 기쁨이 빠른 템포의 크리스마스 노래와 발라드를 아우른 신나는 앨범 『Everyday Is Christmas』에서 뚜렷하게 드러난다. 늘 똑같은 크리스마스 노래가 지겹다면 시아의 창작곡으로 특별한 기분을 즐기자.
바늘을 올리기 전에 장식물을 만드는 데 필요한 것을 모두 준비하고, 무엇을 만드는지 손님들이 알 수 있도록 견본 장식물도 몇 개 준비한다.

SIDE A　디어 인 더 스카이Deer in the Sky

이 앨범의 첫 곡인 「Santa's Coming for Us」는 계절에 어울리는 기대감을 조성한다. 시아는 핫 초콜릿과 크리스마스트리와 사슴에 대해 노래한다. 이 칵테일에서는 민트 가지 뿔 두 개와 붉은 석류 코로 하늘에 있는 사슴을 그려 낸다.

보드카 60ml
석류 주스 60ml
신선한 라임 주스 15ml
진저 비어 120ml
민트 가지 2개(장식용)
석류 씨(장식용)

구리 잔이나 머그잔에 보드카, 석류 주스, 라임 주스를 넣고 섞는다. 진저 비어를 부어 잔을 채우고, 민트 가지와 석류 씨로 장식한다.

SIDE B　퍼피즈 아 포에버Puppies Are Forever

시아의 통통 튀는 노래 「Puppies Are Forever」는 강아지는 귀여운 선물이 되지만 책임도 의미함을 일깨워 주는 역할을 한다. 행복한 빛깔을 한 이 별난 펀치에는 분홍빛 크랜베리를 작게 쌓아 만든 코가 있다. 실제로 이 칵테일은 여러분이 사랑하는 강아지의 좋은 점을 모두 갖추고 있다. 심지어 짖지도 않고 털갈이도 하지 않는다. 아, 거기까지는 무리라는 점 인정. 그럴지만 이 칵테일은 연둣빛과 빨간빛 거품과 함께 시트러스 맛이 나는 크리스마스의 활기를 여러분에게 선사할 것이다. 참고: 최고의 결과물을 얻기 위해 재료를 차게 식혀 둔다.

8인분

진 180ml
크랜베리 주스 3컵
파인애플 주스 3컵
스파클링 와인 3컵
신선한 크랜베리 ½컵(장식용)
라임 휠(장식용)

펀치 볼에 진, 크랜베리 주스, 파인애플 주스, 스파클링 와인을 넣고 섞는다. 얼음을 넣은 컵에 나누어 따른 다음, 크랜베리와 라임 휠로 장식하여 내놓는다.

A HOLLY DOLLY CHRISTMAS

DOLLY PARTON

2020

아티스트: 돌리 파튼Dolly Parton 앨범: A Holly Dolly Christmas 장르: 컨트리 프로듀서: 켄트 웰스Kent Wells, 돌리 파튼
레이블: Butterfly Records, 12Tone Music Group 언제 틀까?: TV 속 벽난로를 틀어 놓고 여유를 즐기며

앨범 해설 컨트리의 전설 돌리 파튼은 47번째 앨범에서도 여전히 반짝거리며 활기차다. 일찍이 1984년『Once Upon a Christmas』라는 앨범으로 크리스마스 음악 시장에서 대성공을 거두었으며, 케니 로저스Kenny Rogers와 부른 장난스러운 듀엣은 이제 미국다움을 상징하는 전설이 되었다. 돌리 파튼은 1990년『Home for Christmas』로 돌아와 큰 인기를 누렸고, 그 뒤 2020년『A Holly Dolly Christmas』를 들고 세 번째로 돌아왔다. 마이클 부블레, 마일리 사이러스Miley Cyrus, 윌리 넬슨Willie Nelson 등과 함께 부른 듀엣은 이 음반에 담긴 크리스마스 선물 같은 곡이다.

바늘을 올리기 전에 향초를 피워 가짜 벽난로의 분위기를 마무리하는 것도 나쁘지는 않을 것이다.

SIDE A
커들 업 앤 코지 다운Cuddle Up and Cozy Down

히트 싱글곡「Cuddle Up, Cozy Down Christmas」에서 노래하는 것처럼 열정이 타오르기 시작하면 동장군을 쫓아낼 따뜻한 칵테일을 마실 때이다. 이것은 크리스마스 시즌에 눈에 갇혀 집 안에서 뒹굴 때 모든 면에서 분위기를 제대로 살려 주는 마실거리이다.

    위스키 45ml
    핫 애플 사이다 150ml
    볶은 시나몬 시럽 15ml(124쪽 참조)
    시나몬 스틱(장식용)

머그잔이나 토디 잔에 위스키, 애플 사이다, 시나몬 시럽을 넣고 젓는다. 시나몬 스틱으로 장식한다.

SIDE B
왓 메리 뉴What Mary Knew

이 앨범에 수록된 돌리 파튼의 마지막 곡은「Mary, Did You Know?」이다. 우리가 아는 것은 위스키에 서던 컴포트와 비터스를 조금 섞으면 이 환상적인 돌리 파튼 음반에 잘 어울리는 맛있는 칵테일이 된다는 사실이다.

    버번 위스키 60ml
    서던 컴포트 30ml
    심플 시럽 1바스푼
    앙고스투라 비터스 1대시
    오렌지 비터스 1대시
    체리(장식용)

위스키, 서던 컴포트, 심플 시럽, 비터스를 얼음과 함께 젓는다. 온더락 잔에 커다란 각 얼음 1개를 넣고, 그 위에 칵테일을 걸러 붓는다. 체리로 장식한다.

원 히트 원더

잘 알려진 수많은 히트곡이 전파를 타지 않는다면 크리스마스 시즌이 아닐 것이다. 글램 록인 「Merry Xmas Everybody」부터 데이비드 보위David Bowie와 빙 크로스비라는 예상치 못한 강력한 듀엣에 이르기까지 큰 인기를 끈 노래 몇 곡을 소개한다.

Mary's Boy Child — 해리 벨라폰테 Harry Belafonte, 1956

Jingle Bell Rock — 바비 헬름스 Bobby Helms, 1957

Happy Xmas (War Is Over) — 존 레논과 요코 오노 John Lennon and Yoko Ono, 1971

I Wish It Could Be Christmas Everyday — 위저드 Wizzard, 1973

Merry Xmas Everybody — 슬레이드 Slade, 1973

In Dulci Jubilo — 마이크 올드필드 Mike Oldfield, 1975

Grandma Got Run Over by a Reindeer — 엘모 앤 팻시 Elmo & Patsy, 1977

Little Drummer Boy — 데이비드 보위와 빙 크로스비 David Bowie & Bing Crosby, 1977

Christmas Wrapping — 더 웨이트리시즈 The Waitresses, 1981

Last Christmas — 왬 Wham, 1984

Do They Know It's Christmas? — 밴드 에이드 Band Aid, 1985

원 히트 원더 One-Hit Wonder

크리스마스 시즌에는 수많은 히트곡이 쏟아져 나오기 때문에, 특별히 기억되려면 더욱 매력적이고 마음에 남는 곡이어야 한다. 그와 마찬가지로, 이 칵테일은 자몽 주스와 마라스키노 리큐어의 조합으로 고금을 통틀어 최고 칵테일이 하나로 꼽는 **헤밍웨이 다이커리** (Hemingway Daiquiri)를 기반으로 한 것이다. 매우 깔끔하고 맛있게 재조합한 마실거리라고 보면 된다. 차트 1위를 차지한 어떤 곡과도 완벽하게 어울린다.

진 45ml
룩사르도 마라스키노 리큐어 7.5ml
쿠앵트로 7.5ml
신선한 자몽 주스 22ml
신선한 레몬 주스 15ml
페이쇼드 비터스 2대시
마라스키노 체리(장식용)

진, 마라스키노 리큐어, 쿠앵트로, 자몽 주스, 레몬 주스, 비터스를 얼음과 함께 흔든다. 칵테일 잔에 걸러 붓고 체리로 장식한다.

CHAPTER 2

Warm & Fuzzy

웜 앤 퍼지

스케이트를 타느라, 크리스마스트리를 자르느라, 눈밭에서 썰매를 타고 달리느라 하루를 보내고 나면, 빙 크로스비와 **크리스마스 카드**(53쪽) 또는 바브라 스트라이샌드와 **휘스커즈 온 키튼스**(62쪽) 조합을 가지고 아늑하게 자리를 잡을 시간이다. 어쩌면 존 덴버와 더 머펫츠(70쪽)를 들으며 하릴없는 추억에 잠기고 싶을지도 모른다. 그럴 때는 **크리스마스 위시**(71쪽)를 준비하자!

이 장은 깜박이는 장식등과 따뜻하게 빛나는 벽난로 그리고 기쁨을 가득 담은 장으로 생각하자. 게다가 바삭바삭 아펠슈트루델(63쪽)이나 피기 푸딩(57쪽) 등 유명한 노래에 등장하는 인기 있는 크리스마스 음식도 만나 볼 수 있다.

Merry Christmas (1949) — 빙 크로스비 Bing Crosby

Rudolph the Red-Nosed Reindeer (1957) — 진 오트리 Gene Autry

The Magic of Christmas (1960) — 냇 킹 콜 Nat King Cole

A Charlie Brown Christmas (1965) — 빈스 과랄디 Vince Guaraldi

A Christmas Album (1967) — 바브라 스트라이샌드 Barbra Streisand

The Perry Como Christmas Album (1968) — 페리 코모 Perry Como

Christmas Portrait (1978) — 카펜터스 Carpenters

Pretty Paper (1979) — 윌리 넬슨 Willie Nelson

A Christmas Together (1979) — 존 덴버와 더 머펫츠 John Denver and the Muppets

Christmas Interpretations (1993) — 보이즈 투 멘 Boyz II Men

These Are Special Times (1998) — 셀린 디온 Celine Dion

Songs for Christmas (2006) — 수프얀 스티븐스 Sufjan Stevens

A Very She & Him Christmas (2011) — 쉬앤힘 She & Him

Holiday Wishes (2014) — 이디나 멘젤 Idina Menzel

My Gift (2020) — 캐리 언더우드 Carrie Underwood

Hark! (2020) — 앤드류 버드 Andrew Bird

I Dream of Christmas (2021) — 노라 존스 Norah Jones

Bing Crosby

1949

MERRY CHRISTMAS

아티스트: 빙 크로스비 Bing Crosby
앨범: Merry Christmas **장르:** 전통 팝
프로듀서: 로버트 에멧 돌런 Robert Emmett Dolan
레이블: Decca **언제 틀까?:** 연하장을 쓸 때

앨범 해설 빙 크로스비의 크리스마스 앨범은 엘피 규격이 만들어지기 전에 나왔다. 원래 1945년 78회전 음반 5장에 수록되어 발매됐고, 1949년 엘피 음반으로 다시 나온 뒤로 계속 엘피로 출시된다. 일본의 진주만 공격이 있은 지 몇 주 뒤 발표된 빙 크로스비의 대표곡 「White Christmas」는 5천만 장이 넘게 팔리면서 역대 최고의 베스트셀러 싱글이 되었다. 이 노래로 크리스마스 음악이 상업적으로 성공을 거둘 수 있음이 입증됐다. 부드럽고 풍부하며 마음을 달래는 『Merry Christmas』는 크리스마스 명곡집의 원조에 해당한다.

바늘을 올리기 전에 펜과 종이, 문구를 준비한다. 우표도 잊지 말자. 우체통에 넣기만 하면 되도록!

SIDE A 크리스마스 카드 Christmas Card

마실 수 있는 크리스마스 카드를 보내자. 이것은 알코올 도수가 낮아, 크리스마스 업무를 보는 동안 홀짝일 수 있는 칵테일이다. 빙 크로스비가 대표곡 「White Christmas」에서 "즐겁고 밝은 나날을 보내시기를 빕니다"라고 쓴다는 내용을 노래하는 동안 가만히 귀를 기울인다.

드라이 베르무트 75ml
베네딕틴 7.5ml
압생트 3대시
자몽 껍질(장식용)

드라이 베르무트, 베네딕틴, 압생트를 얼음과 함께 젓는다. 차게 식힌 온더락 잔에 걸러 붓고, 자몽 껍질로 장식한다.

SIDE B 어 랏 라이크 크리스마스 A Lot Like Christmas

한때 미국에서 가장 인기가 있었던 증류주인 애플잭 브랜디로 지나간 시대를 느껴보자. 알코올 도수가 높지만 균형이 잘 잡힌 1940년대의 마실거리를 떠올리게 하는 이 칵테일은 보기에도 예쁘다. 오렌지색과 옅은 라임 맛이 어울리는 이 마실거리는 빙 크로스비의 목소리만큼이나 매혹적이다.

레이드 애플잭 45ml
쿠앵트로 22ml
신선한 라임 주스 22ml
심플 시럽 7.5ml
라임 휠(장식용)

애플잭, 쿠앵트로, 라임 주스, 심플 시럽을 얼음과 함께 흔든다. 칵테일 잔에 걸러 붓는다. 라임 휠로 장식한다.

Gene Autry
Rudolph the Red-Nosed Reindeer

1957

아티스트: 진 오트리Gene Autry **앨범**: Rudolph the Red-Nosed Reindeer **장르**: 컨트리 **프로듀서**: N/A
레이블: Grand Prix Series **언제 틀까?**: 크리스마스 시즌 영화 감상

앨범 해설 루돌프라는 캐릭터는 로버트 메이 Robert May가 소매업체인 몽고메리 워드를 위해 만들었고, 몽고메리 워드는 1939년 어느 책에서 놀림 받는 사슴을 처음 소개했다. '노래하는 카우보이'로 알려진 진 오트리는 이 캐릭터를 소재로 한 자신의 가장 유명한 곡을 1949년 발표했다. 이 싱글은 빌보드 차트 1위에 올랐고, 지금도 빙 크로스비의 「White Christmas」 다음으로 가장 많이 팔리는 크리스마스 노래로 남아 있다. 진 오트리의 앨범은 크리스마스 히트곡으로 가득한 마법 같은 음반이다.

바늘을 올리기 전에 칵테일을 더 많이 준비하는 동안 영화를 일시 정지할 수 있도록 리모컨을 찾아 둔다.

SIDE A

레드 노우즈드 레인디어 Red-Nosed Reindeer

로즈메리 뿔과 빨간 체리 코로 장식한 이 유쾌한 칵테일로 모두가 좋아하는 행운의 사슴을 맞이하자. 이것은 확실하게 성인을 위한 칵테일인 동시에 우리 안의 동심을 끌어내 주는 매력적인 크리스마스 마실거리이다.

> 런던 드라이 진 60ml
> 신선한 레몬 주스 15ml
> 룩사르도 마라스키노 리큐어 7.5ml
> 오렌지 비터스 2대시
> 로즈메리 가지 2개(장식용)
> 마라스키노 체리(장식용)

진, 레몬 주스, 마라스키노 리큐어, 비터스를 얼음과 함께 흔든다. 칵테일 잔에 걸러 붓고, 로즈메리 가지와 체리로 장식한다.

SIDE B

셰퍼즈 와치 Shepherd's Watch

대량으로 만드는 이 칵테일은 마살라 차이의 영향을 받은 **톰 앤 제리**(Tom & Jerry)로 생각하면 좋다. 역사가 매우 오래된 **톰 앤 제리**는 반죽을 빚은 다음 거기에 증류주를 섞어 만든다. 진 오트리 앨범의 마지막 곡 「What Child Is This?」에서는 양치기가 양떼를 지킨다. 그러므로 우리가 생각할 문제는 바로 이 양치기들이 그렇게 양떼를 지킬 때 무엇을 마시고 있었을까 하는 것이다. 그것이 이 마실거리의 영감이며, 영화를 보거나 자그마한 파티를 열거나 그저 트리 아래에 놓인 선물을 지켜보는 동안 홀짝거리기에 안성맞춤이다.

약 24인분

> 향신료 양념 반죽:
> 달걀 12개(노른자를 분리한다)
> 그래뉴당 1½컵
> 바닐라 엑스트랙트 1작은술
> 시나몬 가루 1작은술
> 정향 가루 1작은술
> 올스파이스 가루 1작은술

커다란 볼에 달걀 흰자를 넣고 걸쭉해질 때까지 휘핑한다. 중간 크기 볼에 달걀 노른자, 그래뉴당, 바닐라, 시나몬, 정향, 올스파이스를 넣고 섞는다. 노른자 혼합물을 흰자에 섞는다.

> 셰퍼즈 와치:
> 향신료 양념 반죽 2큰술
> 다크 럼 60ml
> 뜨거운 우유 120ml
> 육두구 가루(장식용)

따뜻한 머그잔에 양념 반죽과 럼을 넣고 섞은 다음, 뜨거운 우유를 부어 잔을 채운다. 육두구로 장식한다.

피기 푸딩 Figgy Pudding

피기 푸딩은 도대체 무엇일까? 원래는 양 기름과 과일을 끓인 것으로, 중세기에 유행했다. 그래서 「We Wish You a Merry Christmas」라는 유명한 캐럴 가사에서도 언급된다. 이 캐럴은 16세기로 거슬러 올라가는 영국 전통 민요를 바탕으로 한다. 푸딩을 끓이거나 찌는 일은 번거로울 수 있지만, 여기서 만드는 피기 푸딩은 중탕으로 익히기 때문에 해마다 만들고 싶어질 정도로 매우 맛있는 별미가 만들어진다. 물론 캐럴을 부르며 찾아오는 손님들의 몸을 녹일 수 있도록 술을 넣은 소스도 준비되어 있다.

8인분

중력분 1⅓컵
그래뉴당 1컵
베이킹 파우더 2작은술
육두구 가루 ½작은술
시나몬 가루 ½작은술
정제 소금 1작은술
달걀 3개
버터 ½컵(부드럽게 만든다)
곱게 간 빵가루 1½컵
우유 1¾컵
오렌지 제스트 1큰술
레몬 제스트 1큰술
말린 무화과 다진 것 1컵
말린 대추야자 다진 것 1컵
초콜릿 칩 ¼컵

소스:

헤비 크림 ¾컵(없으면 생크림)
무염 버터 8큰술
황설탕 1컵
브랜디 2큰술

오븐을 180℃로 예열하고 번트 팬에 식용유를 바른다. 중간 크기 볼에 밀가루, 그래뉴당, 베이킹 파우더, 육두구, 시나몬, 소금을 넣고 섞는다. 커다란 볼에 달걀을 넣고 1분 동안 빠른 속도로 풀어 준 다음, 천천히 계속 섞으면서 버터, 빵가루, 우유, 제스트를 첨가한다. 가루 혼합물을 천천히 넣고 무화과, 대추야자, 초콜릿 칩을 넣고 저어 준다. 반죽을 준비된 번트 팬에 붓고, 식용유를 바른 포일로 덮는다. 그대로 로스팅 팬에 놓고 오븐에 넣는다. 번트 팬이 5cm 깊이로 잠길 때까지 로스팅 팬에 물을 채운다. 2시간 동안 익힌다. 푸딩이 담긴 번트 팬을 로스팅 팬에서 꺼내고 포일을 벗긴 다음, 식힘망에서 10분 동안 식힌다. 접시에 번트 팬을 뒤집어 틀에서 빼낸다. 한 조각씩 잘라 접시에 담고, 따뜻한 소스를 끼얹어 내놓는다.

중간 크기 소스팬에 크림과 버터를 넣고 버터가 녹을 때까지 데운다. 황설탕을 넣고 설탕이 녹을 때까지 젓는다. 브랜디를 첨가하고 저은 다음, 불에서 내린다.

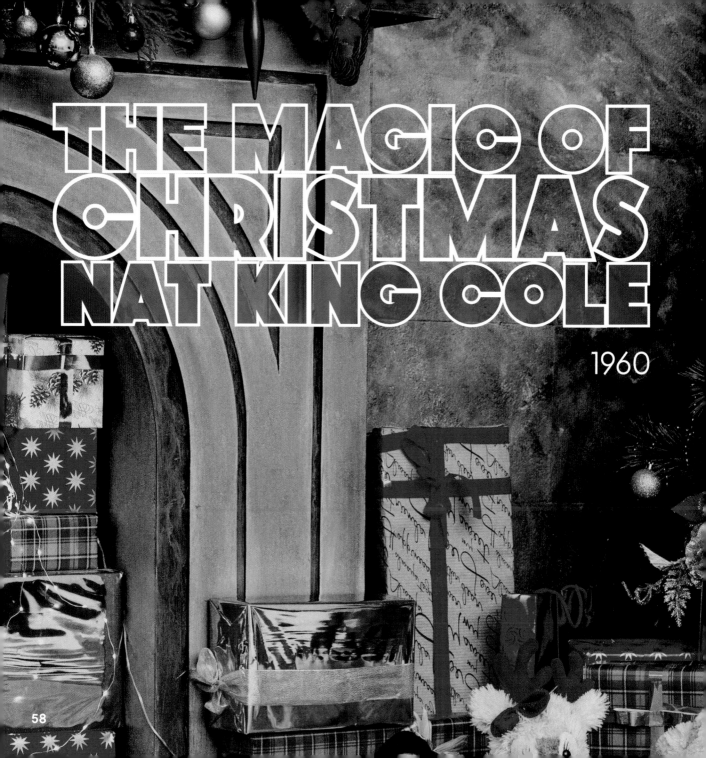

THE MAGIC OF CHRISTMAS NAT KING COLE

1960

58

아티스트: 냇 킹 콜 Nat King Cole　앨범: The Magic of Christmas　장르: 전통 팝, 재즈
프로듀서: 리 질레트 Lee Gillette　레이블: Capitol Records　언제 틀까?: 크리스마스트리 곁에 기분 좋게 드러누워

앨범 해설 냇 킹 콜은 일찍이 여러 장의 크리스마스 싱글을 녹음한 뒤 1960년에 이 크리스마스 앨범을 발표했다. 나오자마자 차트 1위에 오른 『The Magic of Christmas』는 1960년대 내내 베스트셀러 크리스마스 앨범이었고, 수많은 사람이 이제까지 녹음된 최고의 크리스마스 앨범으로 꼽는다. 냇 킹 콜이 들려 주는 타이틀 곡은 이 음반의 결정판으로, 설득력을 지닌 따뜻한 목소리와 날카로운 해석력이 독보적이다.

바늘을 올리기 전에 얼음 통을 채우고, 최대한 덜 움직일 수 있도록 칵테일 용품을 근처에 둔다.

SIDE A　쓰리 십스 Three Ships

「I Saw Three Ships (Come Sailing In)」는 영국에서 유래한 경쾌한 전통 크리스마스 캐럴이다. 클래식한 **쓰리 닷츠 앤 어 대시** (Three Dots and a Dash) 칵테일을 기반으로 한 이 티키 스타일 마실거리를 통해, 바닷길을 헤쳐 나가는 사람들의 삶을 느껴 보자. 이것은 유리잔에 담긴 크리스마스이며, 레시피가 복잡해 보이지만 재료를 일단 다 모으고 나면 식은 죽 먹기나 다름없다.

> 화이트 럼 60ml
> 드라이 큐라소 15ml
> 라임 주스 30ml
> 볶은 시나몬 시럽 15ml(124쪽 참조)
> 허니 시럽 15ml(125쪽 참조)
> 앙고스투라 비터스 3대시
> 체리 3개(장식용)

럼, 큐라소, 라임 주스, 시나몬 시럽, 허니 시럽, 비터스를 얼음과 함께 흔든다. 얼음을 가득 채운 하이볼 잔에 걸러 붓고, 체리로 장식한다.

SIDE B　사운딩 조이 Sounding Joy

20세기 후반까지 아이작 와츠 Isaac Watts의 노래 「Joy to the World」는 북아메리카에서 가장 많이 출판된 찬송가였다. 인기를 끈 원인 중에는 이 노래가 크리스마스 때쯤 교회에서 연주되는 영원한 인기곡인 헨델의 「메시아」와 닮았다는 점도 있을 것이다. **스카치 올드패션드**(Scotch Old-Fashioned)라면 실로 세상의 기쁨이자 이 기념비적인 음반에 완벽하게 어울린다.

> 각설탕 1개
> 오렌지 비터스 2대시
> 블렌디드 스카치 60ml
> 오렌지 껍질(장식용)

온더락 잔에 각설탕과 비터스를 넣고 짓이긴다. 스카치를 첨가하고 커다란 각 얼음과 함께 젓는다. 오렌지 껍질로 장식한다.

A Charlie Brown Christmas
Vince Guaraldi 1965

아티스트: 빈스 과랄디 Vince Guaraldi **앨범:** A Charlie Brown Christmas **장르:** 사운드트랙, 재즈
프로듀서: 리 멘델슨 Lee Mendelson **레이블:** Fantasy **언제 틀까?:** 『찰리 브라운 크리스마스』 감상 파티

앨범 해설 단 6주 만에 각본을 완성하고 적디적은 예산으로 제작을 끝낸 텔레비전 특별판 『찰리 브라운 크리스마스 Charlie Brown Christmas』는 1965년 12월 9일 미국 CBS 방송을 통해 처음 방영됐다. 찰스 슐츠가 만든 『피너츠 Peanuts』 만화 캐릭터를 기반으로 한 이 프로그램은 모든 예상을 뒤엎고 높은 시청률을 기록했다. 빈스 과랄디가 쓴 재즈풍 사운드트랙은 상업적으로 성공을 거두었고, 이 텔레비전 특별판은 해마다 크리스마스 시즌이 되면 방영된다. 빈스 과랄디는 재즈와 전통 음악을 혼합한 (그리고 어린이 합창단으로 가득 찬) 독특한 스타일로 특히 젊고 현대적인 사운드트랙을 만들었으며, 이후 이 앨범은 그래미 명예의 전당에 입성했다.
바늘을 올리기 전에 손님들을 위해 연필이나 스티커 등 비싸지 않은 찰리 브라운 테마의 파티 선물을 준비한다.

······ SIDE A 라이너스 앤 루시 Linus and Lucy

가상의 남매인 라이너스와 루시 반 펠트의 이름을 딴 곡 「Linus and Lucy」는 이후 『피너츠』의 주제곡이 되었다. 재즈의 필수곡이 된 이 연주곡은 북아메리카 크리스마스에 빠질 수 없는 음악이 되었다. 클래식한 **프렌치 커넥션** (French Connection)에 약간의 취기를 더한 이 홀리데이 칵테일로 크리스마스의 정취를 느껴 보자.

> 꼬냑 30ml
> 아마레토 30ml
> 차게 식힌 커피 30ml
> 앙고스투라 비터스 2대시
> 레몬 껍질(장식용)

꼬냑, 아마레토, 커피, 비터스를 얼음과 함께 젓는다. 커다란 각 얼음 1개를 넣은 온더락 잔에 걸러 붓고, 레몬 껍질로 장식한다.

SIDE B 올든 타임스 앤 에인션트 라임스 Olden Times and Ancient Rhymes

A면이 「Christmas Time Is Here」의 연주곡으로 끝나고 나면 B면은 다시 이 곡의 보컬 판으로 시작하는데, 이것은 이 앨범에서 몇 개 되지 않는 보컬 곡 중 하나이다. 이로써 전통적 마실거리인 '와세일'의 한 가지를 즐길 분위기가 조성되었다. 뜨거운 멀드 사이다와 향신료로 만드는 와세일은 옛적 영국에서 집마다 방문하며 치르는 행사의 일부분이었다. 오늘날 우리는 이 마실거리를 편안하게 소파에 앉아 즐길 수 있다.

6인분

> 애플 사이다 6컵
> 신선한 생강 1.3cm 크기 덩이(얇게 썬다)
> 레몬 2개(얇게 썬다)
> 시나몬 스틱 1개
> 팔각 꼬투리 3개
> 바닐라 엑스트랙트 ½작은술
> 버번 위스키 270ml

중간 크기 소스팬을 약불에 올리고 그 안에 애플 사이다, 생강, 레몬, 시나몬, 팔각, 바닐라를 넣고 섞는다. 한소끔 끓으면 불에서 내리고 위스키를 첨가한다. 잔에 나눠 부은 다음, 혼합물 속의 레몬, 시나몬, 팔각으로 장식하여 내놓는다.

Barbra Streisand
A Christmas Album
1967

아티스트: 바브라 스트라이샌드Barbra Streisand **앨범**: A Christmas Album **장르**: 팝

프로듀서: 잭 골드Jack Gold, 에토레 스트라타Ettore Stratta **레이블**: Columbia **언제 틀까?**: 드레스업 파티

앨범 해설 바브라 스트라이샌드의 『A Christmas Album』이 지금까지 엘피로 발매된 크리스마스 음반 중 가장 잘 팔리는 앨범 상위 10위 안에 들어가는 이유는 쉽게 이해가 간다. 아름답고 매력적이기 그지없기 때문이다. 누구에게도 뒤지지 않는 목소리와 그에 어울리는 에너지와 감정으로 매력적인 노래를 연이어 선보인다.

바늘을 올리기 전에 샴페인 버킷을 꺼낸다. 자신감을 높이고 분위기를 살리는 데에는 변명이 필요하지 않다.

SIDE A 휘스커즈 온 키튼스Whiskers on Kittens

바브라 스트라이샌드는 영화 『사운드 오브 뮤직The Sound of Music』에 나오는 인기곡 「My Favorite Things」를 세속적인 크로스오버로 재치 있게 선보인다. 새끼 고양이의 수염을 싫어하는 사람이 누가 있을까? 이 **휘스커즈 온 키튼스**는 1930년 출간된 『사보이 칵테일 북』에서 처음 소개된 진 칵테일인 **세이턴스 휘스커즈**(Satan's Whiskers)를 바탕으로 한 것이다.

진 30ml
드라이 베르무트 60ml
그랑 마니에르 7.5ml
신선한 레몬 주스 15ml
오렌지 비터스 2대시
스파클링 와인 30ml
오렌지 껍질(장식용)

진, 드라이 베르무트, 그랑 마니에르, 레몬 주스, 비터스를 얼음과 함께 흔든 다음, 칵테일 잔에 걸러 붓는다. 스파클링 와인을 부어 잔을 채우고 오렌지 껍질로 장식한다.

SIDE B 그라치아 플레나Gratia Plena

B면에서는 바브라 스트라이샌드가 라틴어로 부른 구노의 「Ave Maria」가 귀를 사로잡는다. 그라치아 플레나는 '은총이 가득하다'는 뜻이며, 배와 와인으로 만드는 이 상쾌한 칵테일은 이 전설적 가수의 열정이 담긴 맑은 음색과 완벽하게 어울린다.

블렌디드 스카치 22ml
드라이 큐라소 15ml
배 넥타 30ml
볶은 시나몬 시럽 7.5ml
　(124쪽 참조)
샴페인 60ml

스카치, 드라이 큐라소, 배 넥타, 시나몬 시럽을 얼음과 함께 흔든다. 칵테일 잔에 걸러 붓고, 샴페인을 부어 잔을 채운다.

바삭바삭 아펠슈트루델

여러분이 가장 좋아하는 것은? '장미꽃에 떨어지는 빗방울과 새끼 고양이의 수염' 과 아울러 바삭바삭한 아펠슈트루델 또한 확실히 그중 하나로 꼽힐 자격이 있다. 아 펠슈트루델은 밀가루 반죽을 얇게 밀어 수없이 접는 수고로운 방법으로 만들 수 있 지만, 여기서 만드는 방법은 간단하다. 약간의 퍼프 페이스트리를 한두 번 접어 주 기만 하면, 짜잔! 지금부터 여러분이 좋아하게 될 거의 즉석에서 만드는 아펠슈트 루델 레시피이다.

8인분

얇게 썬 사과 2컵

황설탕 1컵

골든 건포도 ½컵

시나몬 가루 ½작은술

냉동 퍼프 페이스트리 1장(녹인다)

달걀 1개

우유(홀 밀크) ¼컵

그래뉴당 1큰술

오븐을 200℃로 예열해 놓고 오븐 팬에 베이킹 페이퍼를 깐다. 커다란 볼에 사과, 황설탕, 건포도, 시나몬을 넣고 젓는다. 퍼프 페이스트리를 준비된 오븐 팬에 올리 고 밀대로 민다. 사과 혼합물을 페이스트리 가운데에 세로로 놓은 다음, 혼합물을 중 심으로 페이스트리를 세로로 접는다. 페이스트리 양 끝을 물을 발라 막고, 페이스트 리의 윗부분에 몇 차례 칼집을 낸다. 작은 볼에 달걀과 우유를 넣고 함께 휘젓는다. 붓으로 달걀 혼합물을 페이스트리 윗부분에 바른다. 그래뉴당을 뿌리고 25~35분 동안 또는 황금빛 갈색이 될 때까지 굽는다. 식힘망에 옮겨서 식힌 다음 내놓는다.

The
Perry Como
Christmas Album

Perry Como

1968

아티스트: 페리 코모 Perry Como **앨범:** The Perry Como Christmas Album **장르:** 전통 팝
프로듀서: 앤디 위스웰 Andy Wiswell **레이블:** RCA Victor **언제 틀까?:** 크리스마스 스파의 날

앨범 해설 이 크리스마스 명곡들을 들을 때는 화사한 옷을 입자. 크루너 페리 코모가 레이 찰스 싱어즈 Ray Charles Singers 와 함께 부르는 이 듣기 편한 걸작 앨범은 장밋빛 뺨이 가득한 노먼 록웰 Norman Rockwell 의 그림 속으로 들어가는 듯한 느낌을 준다. 『The Perry Como Christmas Album』은 여러분을 행복한 크리스마스로 감싸 줄 것이다. 페리 코모는 일찍이(1946년) 『Perry Como Sings Merry Christmas Music』이라는 78회전 음반으로 크리스마스 앨범을 내놓기 시작했다. 따라서 여러분이 아는 명곡들이 그가 부른 너무나도 평온한 불후의 명곡이라 해도 놀랄 일이 아니다.

바늘을 올리기 전에 양초를 켜고, 목욕 가운을 걸치고, 페리 코모의 구름을 둥실둥실 타고 날아간다.

SIDE A
러시안 펌프킨
Russian Pumpkin

화이트 러시안(White Russian)에 뻔뻔스럽게도 호박 파이 향신료를 가미한 마실거리 형상의 작은 극락을 즐기자. 이 칵테일의 매력을 알고 나면 왜 아직까지 이걸 몰랐을까 싶을 것이다.

보드카 60ml
칼루아 30ml
크림 30ml
호박 파이 향신료 1대시

보드카, 칼루아, 크림, 향신료를 얼음과 함께 흔든 다음, 온더락 잔에 붓는다.

SIDE B
트러블스 윌 비 버블스
Troubles Will Be Bubbles

「Have Yourself a Merry Little Christmas」의 노래 가사처럼 '우리의 모든 문제가 거품처럼 변할' 수 있다면 얼마나 좋을까. 그런데 바닐라 맛이 나는 이 매력적인 음료라면 가능하다. 혀와 눈을 동시에 즐겁게 해 주는 이 칵테일은 크리스마스 파티 때 손님맞이로도 좋고 저녁 식사 후 홀짝거리는 용도로도 좋다.

진 30ml
신선한 레몬 주스 15ml
바닐라 시럽 15ml(124쪽 참조)
스파클링 와인 90ml
레몬 트위스트(장식용)

진, 레몬 주스, 바닐라 시럽을 얼음과 함께 흔든다. 샴페인 잔에 걸러 붓고, 스파클링 와인을 부어 잔을 채운다. 레몬 트위스트로 장식한다.

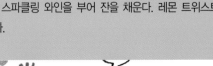

CHRISTMAS PORTRAIT

CARPENTERS

1978

아티스트: 카펜터스Carpenters **앨범**: Christmas Portrait **장르**: 팝, 소프트 록
프로듀서: 캐런 카펜터Karen Carpenter, 리처드 카펜터Richard Carpenter **레이블**: A&M Records **언제 틀까?**: 밤을 구울 때

앨범 해설 웅장한 오케스트라 편곡과 빼어난 화음이 만나 천사 같으면서도 마음에서 떨쳐 낼 수 없는 불후의 음반이 만들어졌다. 『Christmas Portrait』는 크리스마스의 즐거움과 아울러 그 경이로움까지 모두 담았다. 너무나 많은 감정적 순간으로 다가와 즐거움을 안겨 주는 이 거대한 음반은 화려한 소리의 숲길을 따라 할머니 댁으로 걸어가는 것 같은 느낌을 준다.
바늘을 올리기 전에 구울 때 김이 빠져나가도록 알밤에 칼집을 낸다. 그러지 않으면 폭발하니까!

SIDE A 미크 앤 볼드 Meek and Bold

『Christmas Portrait』는 멋진 '서곡'을 시작으로 9곡의 크리스마스 노래를 빠르게 이어서 들려 준다. 이 메들리 중 하나인 「Carol of the Bells」는 원래는 우크라이나 민요이지만 대공황 시기에 크리스마스에 즐겨 듣는 곡이 되었다. 가사에서 '미크 앤 볼드(온순한 사람과 대담한 사람)'를 언급하는데, 이 칵테일에서는 이것을 순한 엘더플라워 리큐어와 강한 캄파리로 표현했다. 확실하게 성공을 보장하는 조합이다!

진 30ml
엘더플라워 리큐어 22ml
캄파리 15ml
신선한 레몬 주스 15ml
클럽 소다 30ml
레몬 껍질(장식용)

진, 엘더플라워 리큐어, 캄파리, 레몬 주스를 얼음과 함께 흔든다. 얼음을 채운 온더락 잔에 걸러 붓고, 클럽 소다를 부어 잔을 채운다. 레몬 껍질로 장식한다.

SIDE B 체스넛 올드패션드 Chestnut Old-Fashioned

밤은 인기곡인 「The Christmas Song」에서 노래하는 것처럼 직화로 굽기에만 좋은 것이 아니다. 칵테일에서도 훌륭한 맛을 낸다. 흥미롭게도 밤은 견과보다는 단호박에 더 가까운 맛을 내며, 명절에 마시는 여러 가지 마실거리에 훌륭한 풍미를 더해 준다.

밤 시럽 7.5ml(125쪽 참조)
앙고스투라 비터스 2대시
버번 위스키 60ml

온더락 잔에 밤 시럽과 비터스를 넣고 젓는다. 위스키와 얼음을 첨가한다. 짧게 저어 차게 식힌다.

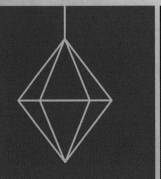

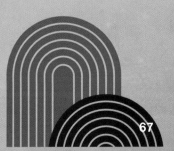

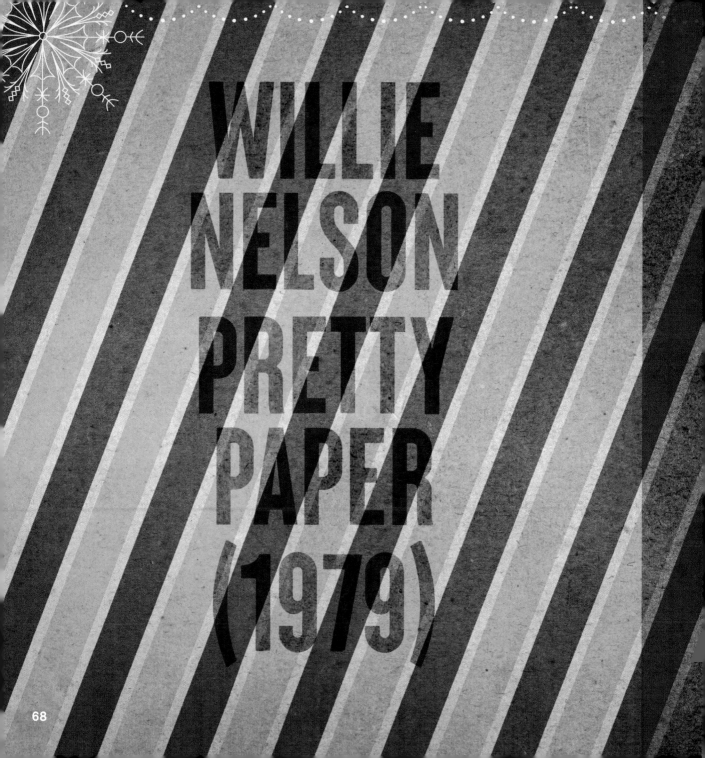

WILLIE NELSON PRETTY PAPER (1979)

아티스트: 윌리 넬슨Willie Nelson **앨범**: Pretty Paper **장르**: 컨트리
프로듀서: 부커 T. 존스Booker T. Jones **레이블**: Columbia **언제 틀까?**: 선물 포장 파티

앨범 해설 윌리 넬슨은 1979년 크리스마스 앨범인 『Pretty Paper』에서 제작자 겸 편곡자인 부커 T. 존스와 재결합했다. 이 앨범은 스탠더드 곡으로 가득하지만, 넬슨의 독특한 해석 덕분에 가장 훌륭한 크리스마스 선물의 하나가 된다. 그가 부르는 쾌활한 「Blue Christmas」나 「Frosty the Snowman」을 들으면 어느새 베들레헴을 거쳐 구릉 지대를 지나는 마법 같은 여행길에 오르게 된다.
바늘을 올리기 전에 서로 교환할 수 있도록 손님들에게 포장지를 몇 장씩 가져오도록 부탁한다.

SIDE A
리틀 타운Little Town

리틀 타운(작은 마을)은 조용히 잠들었다. 아마도 그 위에는 버번, 생강, 시나몬, 레몬의 풍미가 어우러진 거품이 담요처럼 덮여 있을 것이다. 이것은 천상의 조합으로, 선물을 포장할 때나 잠자리에 들기 전 홀짝이기에 딱이다.

> 버번 위스키 45ml
> 캔턴 진저 리큐어 30ml
> 신선한 레몬 주스 30ml
> 볶은 시나몬 시럽 15ml(124쪽 참조)
> 달걀 흰자 1개
> 페이쇼드 비터스 1대시(장식용)

버번, 진저 리큐어, 레몬 주스, 시나몬 시럽, 달걀 흰자를 얼음과 함께 세차게 흔든 다음, 칵테일 잔에 걸러 붓는다. 비터스 1대시로 장식한다.

SIDE B
프리티 페이퍼 플레인Pretty Paper Plane

이 앨범의 타이틀 곡은 텍사스주 포트워스에서 "프리티 페이퍼!"(예쁜 종이)라고 소리치며 크리스마스 종이와 리본을 파는 어느 장애인 노점 상인으로부터 영감을 받았다. 현대의 클래식에 해당하는 **페이퍼 플레인**(Paper Plane)에 데킬라를 넣고 테두리에 히커리 소금(훈제 소금)을 묻힌 이 칵테일은 컨트리 음악을 위해 재해석된 이 서사적 노래에 딱 어울린다. 참고: 히커리 소금은 식품점이나 온라인에서 구할 수 있다.

> 히커리 소금(잔 테두리에 묻힐 것)
> 레포사도 데킬라 30ml
> 아페롤 30ml
> 아마로(노니노 같은 것으로) 30ml
> 신선한 라임 주스 30ml

칵테일 잔 테두리에 히커리 소금을 묻힌다. 데킬라, 아페롤, 아마로, 라임 주스를 얼음과 함께 흔든 다음, 준비된 잔에 걸러 붓는다.

John Denver
AND THE
Muppets

A CHRISTMAS TOGETHER

1979

아티스트: 존 덴버와 더 머펫츠
John Denver and the Muppets
앨범: A Christmas Together
장르: 싱어송라이터, 소프트 록
프로듀서: 밀턴 오컨Milton Okun
레이블: RCA Records
언제 틀까?: '12일간의 크리스마스'를 시작하며

앨범 해설
대중의 사랑을 받는 이 앨범은 1979년 12월 5일 방영된 텔레비전 크리스마스 특별판의 사운드트랙이다. 싱어송라이터인 존 덴버는 더 머펫츠와 함께 전통 캐럴과 아울러 창작곡 몇 곡을 부른다. 여기서 매우 놀라운 점은 짐 헨슨Jim Henson이 만든 인형 캐릭터인 더 머펫츠와 팀을 이루었는데도 우스꽝스럽거나 잔재주가 섞인 음반이 만들어지지 않았다는 사실이다. 오히려 노래가 진솔하게 잘 만들어졌고, 연주는 멋들어지고 매력적이다. 『A Christmas Together』는 최고의 크리스마스 앨범 중 하나로 꼽히는데, 가상의 동물들이 세계에서 가장 엉뚱하고 이상한 합창을 들려 주는 독특한 음악이기 때문만이 아니라, 창의적이고 기쁨이 가득하기 때문이기도 하다.

바늘을 올리기 전에
많은 사람이 헷갈리는데, '12일간의 크리스마스'는 크리스마스 당일부터 시작한다. 따라서 12월 25일부터 계산하도록!

SIDE A 포 콜링 버즈Four Calling Birds
기원이 모호한 이 열대 칵테일로 달려 보자. 해를 품은 듯한 모양에 바닐라와 바나나 맛이 나는 이 마실거리는 너무나도 매력적이어서 파티에 모인 새들이 전부 더 달라고 소리칠 것이다.

> 라이트 럼 30ml
> 바나나 리큐어 15ml
> 갈리아노 15ml
> 신선한 오렌지 주스 30ml
> 신선한 레몬 주스 15ml

라이트 럼, 바나나 리큐어, 갈리아노, 오렌지 주스, 레몬 주스를 얼음과 함께 흔든다. 칵테일 잔에 걸러 붓는다.

SIDE B 크리스마스 위시Christmas Wish
두 가지 색조를 띠는 이 칵테일은 좋은 소식만 전하면서 당신의 모든 소원을 이뤄 줄 것이다. 오르쟈는 아몬드와 로즈 워터, 오렌지 플라워 워터로 만드는 시럽으로, **마이 타이**(Mai Tai) 같은 고전적인 열대 칵테일에 복합적인 맛을 더해 준다. 그렇지만 **브랜디 사워**를 바탕으로 하는 이 칵테일처럼 겨울철 마실거리에 풍부한 맛을 첨가하는 용도로도 쓸 수 있다. 위에 띄운 레드 와인은 쌉쌀한 과일 맛을 더해 주면서 칵테일을 아름답게 만든다. 참고: 와인을 음료 위에 띄울 때에는 숟가락 뒷면을 따라 천천히 붓는다.

> 브랜디 45ml
> 오르쟈 22ml(125쪽 참조)
> 신선한 레몬 주스 7.5ml
> 레드 와인 30ml

브랜디, 오르쟈, 레몬 주스를 얼음과 함께 흔든다. 커다란 각 얼음을 1개 넣은 온더락 잔에 걸러 붓는다. 그 위에 레드 와인을 띄운다.

BOYZ II MEN

CHRISTMAS
INTERPRETATIONS

1993

아티스트: 보이즈 투 멘Boyz II Men **앨범:** Christmas Interpretations **장르:** R&B, 소울
프로듀서: 보이즈 투 멘, 브라이언 맥나이트 Brian McKnight **레이블:** Motown **언제 틀까?:** 캐럴 모임

정규 앨범 『Cooleyhighharmony』와 대히트한 싱글 「The End of the Road」에 힘입은 4인조 그룹 보이즈 투 멘은 그 후속으로 창작곡을 꼭꼭 눌러 담은 크리스마스 음반을 내놓았다. 재즈풍과 차분한 곡을 사색적으로 섞은 『Christmas Interpretations』는 그만큼 세련되지 않았다면 쓸쓸하게 들렸을 것이다. 이것은 플래티넘 음반 인증을 받은 아늑한 클래식이다. 고등학교 시절 음향이 좋은 곳을 찾다가 학교 화장실에서 연습한 적도 있는 그룹으로서는 나쁘지 않은 업적이다.

바늘을 올리기 전에
이 집 저 집 캐럴을 부르며 다닐 때 날이 추울 것 같으면 양말을 한 켤레씩 더 신는다. 내복도 긴 것을 입는다.

SIDE A 굴래드 타이딩스 Glad Tidings

이 칵테일은 꼬냑과 오렌지 그리고 거품은 크리스마스에 즐기기 좋은 조합이라는 좋은 뉴스를 가득 담았다. 친구들에게 한 잔씩 돌리며 그 사랑을 나누자.

쿠앵트로 22ml
꼬냑 15ml
스파클링 와인 120ml
오렌지 트위스트(장식용)

샴페인 잔에 쿠앵트로, 꼬냑, 스파클링 와인을 넣고 섞는다. 오렌지 트위스트로 장식한다.

SIDE B 디셈버 나이츠 December Nights

보이즈 투 멘의 크리스마스 앨범이 가진 매력 중 하나는 크리스마스라는 감정적 풍경에 억지로 단맛을 덧씌우지 않는다는 것이다. 약간의 쓴맛을 띠는 칵테일로 추운 12월의 밤을 따뜻하게 데우자. 이것은 **네그로니**(Negroni)를 좋아하는 산타 도우미를 위한 마실거리이다. 참고로, 쓴맛이 나는 프랑스산 아페리티프인 스즈는 주류 판매점이나 온라인에서 구할 수 있다.

런던 드라이 진 30ml
스즈 15ml
백포도 주스 90ml
레몬 껍질(장식용)
청포도(장식용)

진, 스즈, 포도 주스를 얼음과 함께 저은 다음, 커다란 각 얼음 1개를 넣은 온더락 잔에 걸러 붓는다. 레몬 껍질과 청포도 알 1개로 장식한다.

THESE ARE SPECIAL TIMES
CELINE DION

1998

아티스트: 셀린 디온Celine Dion **앨범:** These Are Special Times **장르:** 팝, 소프트 록 **프로듀서:** 데이비드 포스터David Foster, 릭 웨이크Ric Wake, 브라이언 애덤스, 토니 레니스Tony Renis, 캐롤 베이어 세이거Carole Bayer Sager, R. 켈리R. Kelly, 움베르토 가티카Humberto Gatica **레이블:** Columbia, Epic **언제 틀까?:** 쇼핑을 마친 다음

앨범 해설

캐나다의 슈퍼스타 셀린 디온은 『타이타닉*Titanic*』 사운드트랙의 성공에 이어 처음으로 영어로 된 크리스마스 앨범을 내놓았다. 명곡과 창작곡을 섞은 이 음반으로 두 곡의 싱글이 탄생했는데, 그중 하나는 성악가 안드레아 보첼리Andrea Bocelli와의 듀엣으로 골든 글로브 주제가 상을 받았다. 완성도 높은 이 음반은 한 곡 한 곡이 절정에 이른 셀린 디온의 기량을 유감없이 보여 준다.

바늘을 올리기 전에

쇼핑을 마치고 녹초가 되어도 문제가 없도록 몇 가지 간식과 칵테일 재료를 미리 준비한다.

SIDE A   시즌스 리즌스Season's Reasons

「Don't Save It All for Christmas Day」라는 노래에서 셀린 디온은 우리에게 연중 내내 사랑과 선의를 나누라고 촉구한다. 어쨌든 명절이 크리스마스만 있는 건 아니니까. 거품을 담은 이 사과 칵테일은 언제라도 좋지만, 크리스마스를 앞둔 행복한 시간에 특히 더 기분 좋게 즐길 수 있다.

> 사과 주스 60ml
> 스파클링 와인 90ml
> 앙고스투라 비터스 1대시

샴페인 잔에 주스와 스파클링 와인을 넣고 섞는다. 비터스를 얹는다.

SIDE B   텐더 타임즈Tender Thymes

셀린 디온은 타이틀 곡에서 "지금은 특별한 시기"라고 노래한다. 나아가 너그러워지는 시기임을 강조하는데, 이것이 영감이 되어 시트러스와 타임이 가미된 이 칵테일을 준비했다. 타임은 칵테일에 없어서는 안 되는 (특히 진 토닉 종류에서) 허브로서, 이 상쾌한 칵테일에 멋진 꽃향기를 선사한다.

> 타임 설탕(잔 테두리에 묻힐 것)   블러드 오렌지 소다 120ml
> 보드카 45ml   심플 시럽 7.5ml
> 신선한 라임 주스 15ml   타임 가지(장식용)

온더락 잔 테두리에 타임 설탕을 묻힌다. 보드카, 라임 주스, 블러드 오렌지 소다, 심플 시럽, 얼음을 잔에 넣고 젓는다. 타임 가지로 장식한다.

> **타임 설탕:**
> 그래뉴당 ½컵
> 신선한 타임 가지 1개(곱게 다진다)

작은 볼이나 뚜껑이 있는 병에 그래뉴당과 타임을 넣고 젓는다.

Sufjan Stevens

Songs for Christmas

2006

SIDE A
워스트 크리스마스 에버Worst Christmas Ever

명절이 힘들 수 있다는 사실은 누구나 알고 있다. 「That Was the Worst Christmas Ever!」라는 곡은 나쁜 기억을 직접 언급한다. 수 프얀 스티븐스는 이 인기곡을 공연할 때 청중 위로 풍선 산타를 띄우곤 했다. 크리스마스 때 가족이 모인 자리에서 무슨 일이 벌어지든 이 칵테일이면 견딜 수 있을 것이다. 설령 아빠가 선물을 모조리 벽난로 안으로 집어 던진다고 해도.

보드카 45ml

애플 사이다 60ml

신선한 레몬 주스 15ml

심플 시럽 7.5ml

달걀 흰자 1개

시나몬 가루 1꼬집(장식용)

보드카, 애플 사이다, 레몬 주스, 심플 시럽, 달걀 흰자를 세차게 흔든 다음, 칵테일 잔에 걸러 붓는다. 시나몬 1꼬집으로 장식한다.

SIDE B
배드 브라더Bad Brother

성서에 나오는 "사탄아, 물러가라"라는 말은 남의 집에 침입하는 등 여러 가지로 의심스럽게 행동하는 산타에게 무슨 꿍꿍이가 있는지 추궁하는 노래에서 새로운 의미로 다가온다. 새콤달콤하고 향긋한 이 칵테일을 마시면서 여러분 자신에게 약간의 소금을 뿌려 크리스마스의 부정한 기운을 쫓아내자.

2인분

레포사도 데킬라 22ml

파이어볼 위스키 22ml

샹보르 15ml

소금(정화용)

데킬라, 파이어볼, 샹보르를 얼음과 함께 흔든 다음, 샷 잔에 걸러 붓는다. 약간의 소금으로 정화한다.

She & Him

A VERY SHE & HIM CHRISTMAS
2011

아티스트: 쉬앤힘 She & Him **앨범:** A Very She & Him Christmas **장르:** 인디 팝
프로듀서: M. 워드 M. Ward **레이블:** Merge Records **언제 틀까?:** 썰매를 타고 나서

앨범 해설 쉬앤힘은 『고 게터 The Go-Getter』라는 영화 세트장에서 만난 인디 로커 M. 워드와 배우 주이 디샤넬 Zooey Deschanel 이 결성한 2인조이다. 두 사람은 지금까지 음반을 6장 만들었는데, 그중에는 크리스마스 앨범도 2장 포함된다. 2011년 발매된 『A Very She & Him Christmas』는 비치 보이스나 필 스펙터가 제작한 앨범의 복고풍 스타일에 보내는 키치 스타일의 찬가이다. 그러나 두 사람은 정도를 지나치지 않으면서, 그 모든 것이 마음을 진정시키는 효과를 가져오게 만든다. 이 매력적인 앨범은 열렬한 반응을 얻었고, 이에 두 번째 크리스마스 앨범이 2016년에 나왔다.

바늘을 올리기 전에 담요를 꺼내고 칵테일로 몸을 데운다.

SIDE A   슬레이 라이드 Sleigh Ride

썰매를 타기 전에 몸을 예열하거나 타고 난 뒤 몸을 데우기에 알맞은 이 강화 에스프레소 마티니는 대화와 아울러 혈관 속의 피가 다시 흐르게 할 것이다. 이 마실거리를 차별화하는 비밀 재료는 카다멈이다. 카다멈은 크리스마스 시즌 쿠키나 커피에 흔히 사용되며, 마땅히 여러분의 칵테일 비밀 무기에도 포함되어야 한다.

> 보드카 60ml
> 칼루아 15ml
> 크렘 드 카카오 7.5ml
> 차게 식힌 에스프레소 30ml
> 카다멈 비터스 1대시

보드카, 칼루아, 크렘 드 카카오, 에스프레소, 비터스를 얼음과 함께 흔든다. 칵테일 잔에 걸러 붓는다.

SIDE B   스타라이트 Starlight

논란에도 불구하고 크리스마스 애청곡의 하나가 된 「Baby, It's Cold Outside」는 한 사람이 상대방에게 듣기 좋은 말을 들려 주며 ("당신 눈은 별빛 같아") 더 오래 머물도록 간청하는 내용의 노래로, 더 머물러야 하는 이유 또한 모두 충분히 그럴 듯하다. 그리고 이 고풍스러운 메이플 칵테일 역시 한 가지 이유가 된다. 음반을 다시 틀고 당신의 연인으로부터 다음과 같은 답을 끌어내자. "알았어. 딱 한 잔만 더 마실게."

> 메이플 시럽 1바스푼
> 앙고스투라 비터스 2대시
> 버번 또는 호밀 위스키 60ml
> 오렌지 껍질(장식용)

온더락 잔에 메이플 시럽과
비터스를 넣고 젓는다.
위스키와 얼음을 첨가한다.
차게 식을 때까지 젓는다.
오렌지 껍질로 장식한다.

Idina Menzel

HOLIDAY WISHES

2014

아티스트: 이디나 멘젤 Idina Menzel
앨범: Holiday Wishes
장르: 팝, 록 프로듀서: 월터 아파나시에프
Walter Afanasieff, **롭 마운지**Rob Mounsey
레이블: Warner Bros.
언제 틀까?: 『겨울왕국』 감상 파티

앨범 해설

브로드웨이의 슈퍼스타 이디나 멘젤은 디즈니 영화 『겨울왕국Frozen』이 대성공을 거둔 지 1년 뒤 크리스마스 앨범을 내놓았다. 이 음반은 전통 크리스마스 명곡과 마이클 부블레와의 듀엣곡을 선보인다. 이 엘피는 표준적인 방식으로 편곡한 스탠더드 곡만 모았음에도, 신선한 에너지가 팡팡 터지는 한편으로 좋은 방향으로 복고풍 느낌을 준다. 이것을 퇴보라 부른다면 실례다.

바늘을 올리기 전에

머리띠를 만들거나(공예점에서 실을 구해 사용한다), 장갑을 구입하거나(마법의 힘을 감추기 위해서), 『겨울왕국』 케이크를 굽는다.

SIDE A 프로즌 스노 Frozen Snow

으으으… 이 푸른 얼음 칵테일은 차디찬 자극을 준다. 바닐라와 오렌지의 맛있는 조합으로 히트작이 될 것이 확실하다. 사방이 갓 내린 눈에 덮였든, 7월에 크리스마스를 축하하든, 훌륭한 마실거리가 된다.

바닐라 보드카 22ml
블루 큐라소 22ml
쿠앵트로 22ml
헤비 크림 30ml(없으면 생크림)
잘게 부순 얼음 ¼컵

온더락 잔이나 작은 허리케인 글라스에 보드카, 큐라소, 쿠앵트로, 크림을 얼음과 함께 넣고 섞는다. 저은 다음 빨대를 꽂아 내놓는다.

SIDE B 롱 리버 Long River

조니 미첼Joni Mitchell의 노래 「River」는 얼어붙은 호수와 강에서 걷거나 스케이트를 타던 때를 추억하게 한다. 추운 곳을 다니는 만큼 그러고 나면 당연하게도 몸을 데울 뜨끈한 칵테일이 필요하다. 이 마실거리의 비결은 향신료 맛이 나는 양념 버터로, 버터가 들어가는 뜨거운 술이라면 어떤 것이라도 깊이를 더해 준다. 강이 얼마나 넓든 간에 여러분을 따뜻하게 유지해 줄 진정한 신의 술이다.

6인분

브랜디 240ml
애플 사이다 3컵
신선한 레몬 주스 60ml

양념 버터:
무염 버터 3큰술(부드럽게 만든다)
황설탕 1큰술
앙고스투라 비터스 8대시

중간 크기 소스팬을 중불에 올리고 브랜디, 사이다, 레몬 주스를 뜨거워질 때까지 데운다. 양념 버터(아래 레시피 참조)를 1인분씩 나누어 머그잔에 담는다. 브랜디 혼합물을 머그잔에 나누어 붓고, 버터가 녹도록 잠시 젓는다.

작은 믹싱 볼에 버터, 설탕, 비터스를 넣고 완전히 섞일 때까지 젓는다.

Our Carrie Underwood

My Gift

2020

아티스트: 캐리 언더우드 Carrie Underwood **앨범:** My Gift **장르:** 컨트리 **프로듀서:** 그레그 웰스 Greg Wells
레이블: Capitol Records Nashville **언제 틀까?:** 성탄 역할 놀이 때

앨범 해설 컨트리 음악 스타 캐리 언더우드는 이 종교적인 앨범에 전통 명곡과 창작곡을 담아, 크리스마스는 단지 쇼핑만 하는 때가 아님을 일깨워 준다. 「Hallelujah」라는 곡에서 존 레전드와의 멋진 듀엣은 차트 1위를 기록한 이 앨범을 완성하는 동시에, 『어메리칸 아이돌』 출신인 캐리 언더우드가 음역(믿기지 않을 정도)뿐 아니라 감정을 움직이는 능력까지 갖추었음을 입증하면서 강렬한 경험을 선사한다.

바늘을 올리기 전에 금관뿐 아니라 짚이나 판지로 만든 실물 크기 동물까지 여벌로 준비한다. 동방 박사 예복과 성탄 가운을 입는다.

SIDE A   원 위시 One Wish

캐리 언더우드의 한 가지 소망은 평화이다. 고대부터 월계수 잎은 지혜와 평화, 수호의 상징이었다. 월계수 잎의 솔향과 후추향 그리고 거의 민트에 가까운 맛은 크리스마스 시즌 마실거리에도 환상적이다. 월계수 진을 일단 우려내고 나면 여러분이 좋아하는 모든 칵테일에도 넣어 보기 바란다. 심지어는 마티니에도 좋다.

> 월계수 잎을 우린 런던 드라이 진(아래 참조) 30ml
> 그랑 마니에르 15ml
> 리슬링 와인 60ml
> 월계수 잎 3장을 끼운 두꺼운 레몬 휠 1개

진, 그랑 마니에르, 리슬링을 얼음과 함께 젓는다. 칵테일 잔에 걸러 붓고, 레몬과 월계수 잎으로 장식한다.

> 월계수 잎을 우린 진:
> 런던 드라이 진 1컵
> 월계수 잎 6~8장

진과 월계수 잎을 뚜껑 있는 병에 넣고 섞은 다음, 실온에서 하룻밤 동안 우려낸다.

SIDE B   티스 더 시즌 Tis the Season

캐리 언더우드는 이 앨범과 함께 발매된(아마존에서 판매되는 앨범의 보너스 트랙) 「Favorite Time of Year」에서 "반짝이 포장을 뜯고 장식등을 켜고/즐겁고 밝은 분위기를 낼 거니까" 하고 노래한다. 크리스마스는 우리가 고대하는 시기인 만큼, 우리는 빨간 히비스커스와 초록색 바질이 선명한 상쾌하고 다채로운 데킬라 쿨러로 이때를 축하하고자 한다.

> 레포사도 데킬라 60ml
> 히비스커스 시럽 15ml(124쪽 참조)
> 자몽 소다 120ml
> 바질 잎(장식용)

하이볼 잔에 데킬라, 히비스커스 시럽, 소다를 얼음과 함께 넣고 섞는다. 바질 잎으로 장식한다.

HARK!

아티스트: 앤드류 버드 Andrew Bird 앨범: Hark! 장르: 인디 포크
프로듀서: 앤드류 버드 레이블: Loma Vista 언제 들을까? 스케이트 타기 파티

앨범 해설 인디 록 바이올리니스트 앤드류 버드는 크리스마스 앨범 시장에서 전통 명곡과 그다지 전통적이지 않은 크리스마스 노래의 조합으로 특별한 틈새 시장을 개척한다. 존 프라인 John Prine이 쓴 「Souvenirs」와 존 케일 John Cale의 노래 「Andalucia」 그리고 휘파람으로 부르는 「Oh Holy Night」까지 앤드류 버드는 크리스마스 음악의 한계를 탐구한다. 상쾌하게 기분을 띄워 주는 앤드류 버드는 음악가의 음악가이며, 이 앨범은 여러분이 반드시 올라타고 싶은 소리의 썰매이다.

바늘을 올리기 전에 여분의 벙어리장갑을 꺼내고 보온병을 채워 둔다.

SIDE A 솔 이 솜브라 Sol Y Sombra

존 케일의 노래 「Andalucia」는 크리스마스 앨범치고는 별난 선곡으로 보일지도 모르지만, 이 곡이 있다는 것은 '태양과 그늘'이라는 뜻인 **솔 이 솜브라**를 마시면서 바늘을 올릴 수 있다는 뜻이다. 이것은 안달루시아에서 유래한 역사 오랜 마실거리로서, 더 널리 알려질 가치가 있을 뿐 아니라 이제부터 여러분이 가장 좋아하는 크리스마스 칵테일이 될지도 모른다.

> 브랜디 45ml
> 아니세트 리큐어 45ml

브랜디와 아니세트를 얼음과 함께 젓는다. 브랜디 잔이나 와인 잔에 걸러 붓는다.

SIDE B 스트롱 스케이팅 Strong Skating

샤르트뢰즈와 커피? 일단 맛을 보기 전에는 퇴짜를 놓지 않는 것이 좋다. 허브 향이 어우러져 축복의 조합을 이끌어 내니까. 이 칵테일에서는 거기에 메이플 시럽을 첨가하여 달콤한 맛까지 끌어올린다. 스케이트를 타는 등 추운 활동을 하고 난 다음 더욱 맛있으므로 기억에 남을 조합이다.

> 갓 내린 커피 60ml
> 호밀 위스키 45ml
> 샤르트뢰즈 7.5ml
> 메이플 시럽 7.5ml
> 휘핑 크림 조금(장식용)

따뜻하게 데운 잔에 커피, 위스키, 샤르트뢰즈, 메이플 시럽을 넣고 젓는다. 휘핑 크림을 얹는다.

87

I dream of christmas
norah jones

SIDE A 시크릿 에인절스 Secret Angels

첫 곡인 「Christmas Calling」에서 노라 존스는 크리스마스를 알리는 소리가 들린다고 노래한다. 그리고 "가족처럼 느껴지는 친구들/나를 안고 있는 비밀 천사들?"에 대해 궁금해한다. 이 아름다운 가사는 민트 향이 가미된 파스티스와 시트러스가 돋보이는 신선한 크리스마스 칵테일과 가장 잘 어울린다.

파스티스 45ml	심플 시럽 7.5ml	파스티스, 자몽 주스, 라임 주스, 심플 시럽, 민트 잎을 얼음과 함께 흔든다. 칵테일 잔에 걸러 붓고, 민트 가지로 장식한다.
신선한 자몽 주스 60ml	민트 잎 5–6장	
신선한 라임 주스 15ml	민트 가지(장식용)	

2021

아티스트: 노라 존스 Norah Jones
앨범: I Dream of Christmas
장르: 팝, 재즈
프로듀서: 리언 미셸스 Leon Michels
레이블: Blue Note
언제 틀까?: 쿠키 교환

앨범 해설

유명 아티스트는 크리스마스 앨범에 참신함을 더하거나 자신의 재능을 돋보이거나 창의력이 살아 있음을 보여 주기 위해 새로운 곡을 넣는 때가 많다. 드물기는 하지만 이런 과정을 통해 새로운 크리스마스 명곡이 태어나기도 한다. 그러나 『I Dream of Christmas』 같은 수준에 다다르는 앨범은 거의 없다. 노라 존스는 이 음반에서 진정으로 뛰어난 크리스마스 노래를 너무나 많이 썼기 때문에, 이런 크리스마스 컬렉션이 있었는데도 우리는 미처 발견하지 못했구나 하는 느낌마저 준다. 이 재즈 팝 스타가 크리스마스 음악에 진출하기까지의 기다림은 길었지만, 이 앨범은 나오자마자 명곡집으로 자리매김했다.

바늘을 올리기 전에

손님들에게 음식을 싸 갈 접시나 용기를 가지고 오도록 일러 둔다. 그러면 여러분 것을 잃어버리지 않을 테니까.

SIDE B 치어 컵 Cheer Cup

음반을 뒤집기 전에, 노라 존스의 노래처럼 트리 주변에 모여 컵에 활기를 한 잔 담아 마시자. 이 석류 핌스 컵(Pimm's Cup)은 활기를 잔 테두리까지 가득 담는 데에 딱이다. 울적함을 날려 버릴 수 있는 게 있다면 바로 이 칵테일이다.

4인분

핌스 No. 1 180ml	커다란 피처에 핌스와 석류 주스를 얼음과 함께 넣고 섞는다. 소다수와 레모네이드를 부어 피처를 채운다. 저으면서 오이, 오렌지, 민트를 넣는다. 얼음을 넣은 온더락 잔이나 와인 잔에 부어 내놓는다. 오렌지 슬라이스와 민트 잎으로 장식한다.
석류 주스 180ml	
소다수 1컵	
레모네이드 1컵	
오이 ¼개(가늘고 길게 채썬다)	
오렌지 1개(얇게 자른다)	
민트 잎 ¼컵	
오렌지 슬라이스(장식용)	
민트 잎(장식용)	

The ChRISTmAS SO
NAT KING COLE
RUTH CAMPBELL

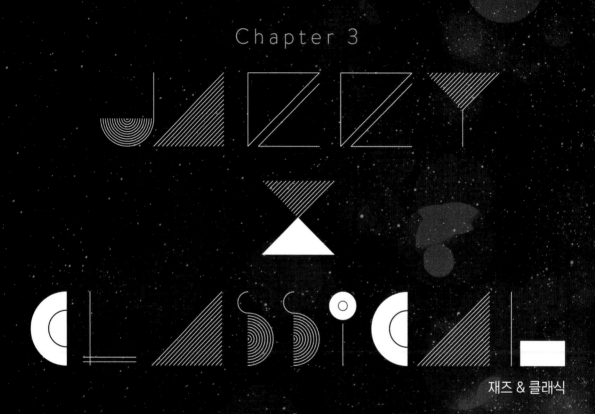

Chapter 3

JAZZY
X
CLASSICAL

재즈 & 클래식

재즈풍의 크리스마스 음악에는 언제나 우리를 더욱 행복하고 만족스럽게 만드는 무언가가 있다. 프랭크 시나트라의 '버번 바리톤'이든 페기 리의 관능적인 음색이든, 이런 음악은 크리스마스를 즐겁고 풍성하게 만든다. 이 장에서는 최고의 크리스마스 재즈 앨범과 아울러, 딘 마틴에게서 영감을 얻은 **렛 잇 스노**(99쪽)나 존 레전드의 전설적 앨범을 기리는 **퍼플 스노플레이크**(109쪽) 등 그에 어울리는 히트 칵테일을 소개한다. 크리스마스를 환하게 밝히는 사이먼 래틀 경의 힘찬 음악에 맞춰 춤을 추는 **넛크래커**(102쪽) 또한 맛볼 수 있다. 칵테일과 함께 반짝이는 장식등을 바라보며 분위기를 끌어올려 주는 음반들을 감상해 보자.

A Jolly Christmas from Frank Sinatra (1957) — 프랭크 시나트라 Frank Sinatra

Ella Wishes You a Swinging Christmas (1960) — 엘라 피츠제럴드 Ella Fitzgerald

The Dean Martin Christmas Album (1966) — 딘 마틴 Dean Martin

The Nutcracker (2010) — 사이먼 래틀과 베를린 필하모닉 오케스트라
Sir Simon Rattle & the Berlin Philharmoniker Orchestra

Christmas (2011) — 마이클 부블레 Michael Bublé

What a Wonderful Christmas (2016) — 루이 암스트롱과 친구들 Louis Armstrong and Friends

A Legendary Christmas (2018) — 존 레전드 John Legend

Big Band Holidays II (2019) — 윈튼 마살리스 Wynton Marsalis

Ultimate Christmas (2020) — 페기 리 Peggy Lee

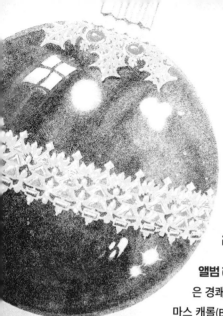

FRANK SINATRA

A Jolly Christmas from Frank Sinatra   1957

아티스트: 프랭크 시나트라Frank Sinatra **앨범**: A Jolly Christmas from Frank Sinatra
장르: 재즈, 전통 팝 **프로듀서**: 보일 길모어Voyle Gilmore
레이블: Capitol Records **언제 틀까?**: 크리스마스 조명 산책

앨범 해설 프랭크 시나트라의 첫 크리스마스 앨범은 활기차게 부르는 「Jingle Bells」로 시작하지만, 사실은 경쾌하고 명랑하다기보다는 따뜻하고 감상적이다. 그러나 이것이 세속적 크리스마스 노래(A면)와 크리스마스 캐롤(B면)을 독특하게 혼합한 이 음반의 매력이다. 감성적이고 향수를 불러일으키는 이 앨범에서 시나트라가 랠프 브루스터즈 싱어즈Ralph Brewsters Singers와 본격 오케스트라의 도움으로 부르는 전통 명곡들은 예술적 정점에 다다른 1950년대의 시나트라를 선보인다. **바늘을 올리기 전에** 동네를 산책할 때 크리스마스 조명을 술 마시기 게임으로 이용해 보자. 풍선 산타, 움직이는 사슴, 지붕에 얹힌 썰매 등을 한 모금으로 셈한다. 프로젝터는 두 모금으로.

SIDE A 프로스티드 윈도Frosted Window

추운 바깥과 아늑한 방 안을 상기시키는 성에 낀 유리창을 좋아하지 않는 사람이 누가 있을까. 프랭크 시나트라도 이에 동의하며, 「Christmas Waltz」에서 바로 그런 이미지를 노래하며 크리스마스 풍경을 그린다. 크리스마스의 즐거움을 더해 주는 갈리아노의 바닐라 향과 더불어 민트 향이 나는 이 칵테일은 방 안에 있어서 얼마나 다행인지를 상기시켜 줄 것이다.

브랜디 45ml   크렘 드 망트 7.5ml
갈리아노 30ml   민트 잎(장식용)

브랜디, 갈리아노, 크렘 드 망트를 얼음과 함께 흔든 다음, 칵테일 잔에 걸러 붓는다. 민트 잎으로 장식한다.

SIDE B 하프스 오브 골드Harps of Gold

크리스마스 명곡인 「It Came Upon a Midnight Clear」에서는 천사들이 황금 하프를 가지고 내려온다. 금상첨화로 시나몬 맛 골드쉬라거(Goldschläger)를 조금 넣은 이 벌꿀 맛 **위스키 사워**를 맛보고 나면 여러분도 금방 천사들을 따라 하프를 뜯을지도 모른다.

버번 위스키 45ml
골드쉬라거 15ml
신선한 레몬 주스 22ml
허니 시럽 22ml(125쪽 참조)

버번, 골드쉬라거, 레몬 주스, 허니 시럽을 얼음과 함께 흔든 다음, 칵테일 잔에 걸러 붓는다.

ELLA FITZGERALD

Ella Wishes You a Swinging Christmas

1960

아티스트: 엘라 피츠제럴드 Ella Fitzgerald   앨범: Ella Wishes You a Swinging Christmas   장르: 재즈
프로듀서: 노먼 그란츠 Norman Granz   레이블: Verve   언제 틀까?: 겨울철 잡동사니를 사냥할 때

앨범 해설 엘라 피츠제럴드가 풍부한 감정을 실어 부르는 세속적 크리스마스 노래와 함께 크리스마스를 맞이하자. 이 앨범 재킷에 황금색 유니콘이 있는 데에는 이유가 있다. 이 우아한 음반은 확실히 희귀종이기 때문이다. 경쾌한 노래부터 「Let It Snow」 같은 유쾌한 곡들에 이르기까지, 놀라울 정도로 화사하고 에너지 넘치는 노래를 들려 주기 위해 이 거장이 한 곡 한 곡 정성을 다한 흔적이 역력하다.
바늘을 올리기 전에 사냥할 잡동사니 품목을 종이에 또박또박 적어 둔다.

SIDE A   크리스마스 게임 Xmas Game

「What Are You Doing New Year's Eve?」라는 노래는 대담하게 데이트 약속을 받아 내려는 가수의 바람이 담겼다. 이것은 자연스러운 행동이며, 우리로서는 그녀가 만남에 성공하기만을 바랄 수 있을 뿐이다. 이와 비슷한 질문을 꺼낼 때는 그 전에 알코올 도수가 낮은 **스팅어**(Stinger)로 입가심을 하자. 좋은 반응을 이끌어 낼 딱 그만큼의 민트와, 취하지 않으면서 용기를 끌어올릴 딱 그만큼의 알코올이 들어가 있다. 행운이 있기를!

압생트 1바스푼
드라이 베르무트 52ml
크렘 드 망트 15ml

칵테일 잔에 압생트를 두른다. 드라이 베르무트와 크렘 드 망트를 얼음과 함께 저은 다음, 준비된 잔에 걸러 붓는다.

SIDE B   키스 굿나잇 Kiss Goodnight

저녁 식사 후 '바깥 날씨는 사나워도 집 안 난로불은 쾌적할 때'. 이때가 이 초콜릿 칵테일을 즐기기 딱 좋은 순간이다. 엘라 피츠제럴드의 매혹적인 「Let It Snow」가 아마레토가 특징인 이 따뜻한 마실거리의 영감이 되었다.

2인분

우유(홀 밀크) 2컵
세미 스위트 초콜릿 칩 113g
황설탕 1½큰술
바닐라 엑스트랙트 7.5ml
아마레토 리큐어 60ml

작은 소스팬에 우유를 붓고, 데우다 끓으면 저으면서 초콜릿 칩을 넣는다. 초콜릿 칩이 다 녹아 혼합물이 부드러워질 때까지 가열한다. 황설탕을 첨가하여 녹을 때까지 젓는다. 불에서 내리고 바닐라와 아마레토를 첨가한다. 머그잔에 부어 내놓는다.

DEAN
MARTIN

THE DEAN MARTIN
CHRISTMAS ALBUM

1966

아티스트: 딘 마틴Dean Martin
앨범: The Dean Martin Christmas Album
장르: 재즈, 팝 **프로듀서:** 지미 보엔Jimmy Bowen
레이블 : Reprise Records
언제 틀까?: 양말을 채울 때

앨범 해설
딘 마틴에게 1966년은 보람찬 해였다. 음반을 5장 발매했는데, 그중 하나가 리프라이즈 레이블을 달고 나온 이 크리스마스 앨범이다. 수록된 10곡 모두로부터, 인기 절정에 오른 딘 마틴의 느긋한 매력과 따뜻함이 우리 귓속으로 핫 토디처럼 스며 들어온다. 나아가 전체적으로 느껴지는 약간 취한 듯한 분위기가 이 앨범을 진정으로 기운을 북돋아 주는 즐거운 음반으로 만든다. 전설적인 크루너가 '윙크'와 함께 들려 주는 노래를 들으며 크리스마스를 즐기자.

바늘을 올리기 전에
값싸면서도 재미있는 소품을 잔뜩 준비한다. 언제나 생각보다 더 많이 필요한 법이니까!

SIDE A 렛 잇 스노 Let It Snow

복합적인 맛이 나는 이 기분 좋은 마실거리를 맛보고 나면 폭설이 내린다 해도 상관하지 않게 될 것이다. 딘 마틴은 스카치를 즐겨 마셨다. 더 정확히 말해 J&B인데, 이 칵테일에 딱 어울리는 스카치이다(물론 블렌디드 스카치라면 아무거라도 괜찮다). 조명을 어둑하게 한 다음 딘 마틴의 감미로운 음색을 느긋하게 즐기자.

> 버번 위스키 30ml
> 블렌디드 스카치(J&B면 더 좋다) 30ml
> 스위트 베르무트 30ml
> 앙고스투라 비터스 2대시
> 오렌지 껍질(장식용)

위스키, 스카치, 스위트 베르무트, 비터스를 얼음과 함께 젓는다. 커다란 각 얼음 1개를 넣은 온더락 잔에 걸러 붓고, 오렌지 껍질로 장식한다.

SIDE B 올 윈터 롱 All Winter Long

크리스마스에 느끼는 향수는 「The Things We Did Last Summer」라는 독특한 노래의 주제이다. 가수는 여름 동안 함께한 연인을 회상하며, 도시락을 싸고 큐피 인형을 경품으로 받는 등 함께한 모든 일을 그리워한다. 추억거리는 사람마다 다른 법. 이 명상적인 (그러나 감상적이지는 않은) 마실거리를 홀짝거리는 동안 지난 여름 여러분이 한 일을 떠올리자.

> 버번 위스키 30ml
> 아마로(아베르나 같은 것으로) 30ml
> 드라이 베르무트 30ml
> 베네딕틴 7.5ml

위스키, 아마로, 드라이 베르무트, 베네딕틴을 얼음과 함께 젓는다. 칵테일 잔에 걸러 붓는다.

THE NUTCRACKER

Sir Simon Rattle & the Berlin Philharmoniker Orchestra

2010

아티스트: 사이먼 래틀과 베를린 필하모닉 오케스트라
Sir Simon Rattle & the Berlin Philharmoniker Orchestra
앨범: The Nutcracker **장르:** 클래식
프로듀서: 스티븐 존스Stephen Johns, 크리스토프 프랭크Christoph Franke
레이블: Warner Classics **언제 틀까?:** 텔레비전에서 『호두까기 인형』이 방영되기 전에

앨범 해설 해마다 크리스마스 때면 많은 사람이 즐기는 이 핑크색 튀튀와 장난감 병정의 세계로 빠져들어 보자. 이 기념비적인 음반에서 유명 지휘자 사이먼 래틀은 베를린 필하모닉 오케스트라과 함께 원곡의 아름다움을 끌어낸다. 아름답고 창의적이며 웅장한 멜로디가 클라라와 생쥐 대왕과 왕자의 이야기를 생생하고도 매력적으로 들려 준다. 틀에 박힌 실황 공연 앞에서 꾸벅꾸벅 조는 일은 이제 안녕이다. 사이먼 래틀을 들으면 되니까.
바늘을 올리기 전에 호두까기 인형을 주제로 하는 접시에 간식을 담아 기대감을 드높인다.

SIDE A   넛크래커 Nutcracker

정신을 차리고 사악한 생쥐 대왕에 맞서 싸우는 데 필요한 것은 바로 프란젤리코 리큐어가 들어간 이 칵테일이다. 프란젤리코의 견과 맛과 아울러 거품으로 가득한 이 매력적인 크리스마스 마실거리와 함께라면 눈의 나라로 떠나는 여행에서 언제든지 최고의 춤을 선보일 수 있을 것이다.

> 드라이 베르무트 30ml
> 프란젤리코 22ml
> 베네딕틴 1바스푼
> 스파클링 와인 120ml

드라이 베르무트, 프란젤리코, 베네딕틴을 샴페인 잔에 넣고 섞는다. 스파클링 와인으로 잔을 채운다.

SIDE B   스노 퀸 Snow Queen

혹시 기억이 가물가물한 사람을 위해 설명하자면, 스노 퀸(눈의 여왕)은 눈의 나라에서 클라라와 왕자 앞에 나타나 과자의 나라로 여정을 이어 갈 수 있도록 썰매를 선물한다. 진과 코코넛 럼을 섞은 이 칵테일이라면 도움의 손길을 내민 여왕의 친절을 기리는 데 어울린다. 약간의 압생트로 이 초현실적 꿈이 완성된다.

> 코코넛 럼 30ml
> 런던 드라이 진 30ml
> 라임 주스 22ml
> 압생트 15ml
> 심플 시럽 7.5ml
> 라임 휠(장식용)

럼, 진, 라임 주스, 압생트, 심플 시럽을 얼음과 함께 흔든 다음, 칵테일 잔에 걸러 붓는다. 라임 휠로 장식한다.

슈가 플럼 Sugar Plums

'설탕 자두 요정'들로서는 혼란스럽겠지만, 슈가 플럼은 이름 자체의 뜻인 설탕 자두가 아니다. 17세기에, 과일과 견과를 섞어서 아몬드 드라제처럼 설탕을 바삭바삭하게 입혀 만든 과자가 부유층에게 별미 거리로 판매되었다(설탕을 입히는 일은 비용과 수고가 많이 들어가는 작업이었다). 이 과자에 슈가 플럼이라는 이름이 붙은 것은 생김새가 자두와 비슷하기 때문이었다. 여기서 소개하는 슈가 플럼은 말린 과일과 견과를 재료로 하여 만들기가 쉬운 데다 모든 종류의 칵테일과 잘 어울린다.

12인분

- 자두 ½컵(굵게 다진다)
- 대추야자 ½컵(씨를 빼고 굵게 다진다)
- 살구 ½컵(굵게 다진다)
- 곱게 간 설탕 ¼컵
- 아몬드 슬라이스 ½컵(볶는다)
- 시나몬 가루 ⅛작은술
- 정향 가루 ⅛작은술
- 카다멈 가루 ⅛작은술
- 꿀 ¼컵
- 정제 소금 1꼬집
- 그래뉴당 1컵

용기 안에 베이킹 페이퍼를 두른다. 푸드 프로세서에 자두, 대추야자, 살구를 넣고 잘게 갈릴 때까지 돌린다. 간 설탕, 아몬드, 시나몬, 정향, 카다멈, 꿀, 소금을 첨가한 다음, 동글게 뭉칠 때 모양을 유지할 수 있을 때까지 짤막짤막하게 돌려 혼합물을 완전히 섞는다. 숟가락과 물 묻힌 손을 사용하여, 수북하게 떠서 2.5cm 크기의 공 모양으로 뭉친다. 완성된 슈가 플럼을 준비된 용기에 넣어 냉장 보관해 두면 나중에 꺼내 쓸 수 있다. 내놓기 직전에 그래뉴당에 굴린다.

MICHAEL BUBLÉ

CHRISTMAS   2011

아티스트: **마이클 부블레**Michael Bublé **앨범**: Christmas **장르**: 전통 팝

프로듀서: **데이비드 포스터, 밥 록**Bob Rock, **움베르토 가티카** 레이블: **Reprise Records** 언제 틀까? **크리스마스 오픈 하우스**

앨범 해설 신세대 크루너인 마이클 부블레의 크리스마스 앨범은 그의 베스트셀러 앨범이기도 하다. 그 이유는 금방 알 수 있다. 그의 재능을 잘 보여줄 뿐 아니라 퍼피니 시스터즈Puppini Sisters, 탈리아Thalía, 샤니아 트웨인Shania Twain 같은 가수들과 함께 신나는 듀엣을 만들어 내는 능력까지 선보이는 완벽한 엘피이기 때문이다. 한 곡 한 곡이 시대를 초월한 클래식처럼 마음을 사로잡는 따뜻한 노래이다.

바늘을 올리기 전에 **파티용 간식과 칵테일을 준비한다**(117쪽).

SIDE A 캔디 케인Candy Cane

테두리에 지팡이 사탕이 가득 묻은 잔에 모든 면에서 맛있는 칵테일이 들어 있다면 충분히 크리스마스 기분이 나기 시작할 것이다. 페퍼민트? 오케이. 바닐라? 오케이. 초콜릿? 오케이. 여러분이 좋아하는 모든 맛을 동시에 맛볼 수 있는 시기가 있다면 지금이 바로 그때이다. 손님들이 매우 좋아할 크리스마스 파티 최애 칵테일이다.

잘게 부순 캔디 케인(잔 테두리에 묻힐 것)
바닐라 보드카 45ml
크렘 드 망트 30ml
크렘 드 카카오 30ml

하프 마티니 잔 테두리에 잘게 부순 캔디 케인을 묻힌다. 보드카, 크렘 드 망트, 크렘 드 카카오를 얼음과 함께 저은 다음, 준비한 잔에 걸러 붓는다.

SIDE B 펠리스 나비다드 Feliz Navidad

호세 펠리시아노José Feliciano는 1970년 「Feliz Navidad」라는 세계적인 히트곡을 썼다. 최고의 크리스마스 칵테일 중 하나로 꼽는 **코키토**를 들면서 푸에르토리코 출신인 이 가수를 기리자. 에그노그를 연상시키는(단, 달걀은 뺀) 이 열대 음료는 여러분이 크리스마스 시즌에 꼭 마시는 칵테일 중 하나로 자리 잡을 것이다.

4~6인분

화이트 럼 300ml	시나몬 가루 ¼작은술
가당 연유 1캔(397g)	정향 가루 ¼작은술
무가당 연유 1캔(340g)	바닐라 엑스트랙트 1작은술
코코넛 크림 1캔(425g)	육두구 가루와 시나몬 스틱(장식용)

재료를 블렌더에 넣고 섞은 다음, 혼합물을 유리병에 넣고 하룻밤 동안 차게 식혀 둔다. 개별 잔에 따른 다음, 육두구 가루와 시나몬 스틱 1개로 장식한다.

LOUIS ARMSTRONG AND FRIENDS

WHAT A WONDERFUL CHRISTMAS

2016

아티스트: 루이 암스트롱과 친구들 Louis Armstrong and Friends **앨범**: What a Wonderful Christmas
장르: 재즈 **프로듀서**: N/A **레이블**: SMLXL Vinyl **언제 틀까?**: 크리스마스 장작을 태울 때

앨범 해설

듀크 엘링턴 Duke Ellington 부터 어사 키트까지 모든 사람이 참여한 이 루이 암스트롱 편집 앨범은 주로 1950년대의 음반 트랙을 모은 것으로, 이 전설적 아티스트의 스윙과 딕실랜드 재즈 스타일을 선보인다. 그중에서도 멜 토메 Mel Tormé의 창작곡 「The Christmas Song」(나중에 냇 킹 콜이 불러 히트곡이 되었다)과 디나 워싱턴 Dinah Washington이 부른 「Silent Night」가 특히 눈에 띈다. 루이 암스트롱이 까끌한 목소리로 부르는 「White Christmas」는 그 누구도 흉내 낼 수 없다.

바늘을 올리기 전에

벽난로 굴뚝이 막히지 않았는지 확인하고, 소화기를 가까운 곳에 두는 것을 고려하자.

SIDE A 크리올 비트 Creole Beat

뉴올리언스의 전통 칵테일인 **크리올**(Creole)을 보드랍게 만든 이 마실거리는 루이 암스트롱이 장난기 어린 첫 곡 「Christmas in New Orleans」를 부르는 박자에 맞춰 산타가 무리를 이끌고 올 때 흔들 칵테일이다. 암스트롱이 크리스마스 분위기를 띄울 때 함께 스텝을 밟자.

> 스위트 베르무트 60ml
> 버번 위스키 30ml
> 칼루아 30ml
> 베네딕틴 7.5ml
> 페이쇼드 비터스 1대시
> 오렌지 비터스 1대시
> 오렌지 껍질(장식용)

스위트 베르무트, 위스키, 칼루아, 베네딕틴, 비터스를 얼음과 함께 젓는다. 커다란 각 얼음 1개를 넣은 온더락 잔에 걸러 붓고, 오렌지 껍질로 장식한다.

SIDE B 쿨 율 Cool Yule

코니 아일랜드에서 선셋 스트립까지 선물을 떨구는 산타라는 이름의 멋진 고양이에 관한 노래인 「Cool Yule」에서 루이 암스트롱은 '멋진 크리스마스'를 기원한다. 이 재즈풍 칵테일은 거기 딱 어울린다.

> 버번 위스키 45ml
> 아마로(몬테네그로 같은 것으로) 30ml
> 쿠앵트로 15ml
> 페이쇼드 비터스 2대시

위스키, 아마로, 쿠앵트로, 비터스를 얼음과 함께 젓는다.

A
Legendary
Christmas

JOHN
LEGEND

2018

아티스트: 존 레전드 John Legend　**앨범:** A Legendary Christmas　**장르:** R&B, 가스펠
총괄 프로듀서: 래피얼 서디크 Raphael Saadiq　**레이블:** Columbia　**언제 틀까?:** 가족 모임

앨범 해설 레트로 소울 가수 존 레전드는 세련되고 격조 높은 앨범『A Legendary Christmas』를 매우 개인적인 감정을 바탕으로 엮어 낸다(재킷 디자인에 레전드 가족 사진이 사용되었다). 에스페란자 스팔딩 Esperanza Spalding과 스티비 원더가 출연하고 호른과 현악기, 백그라운드 보컬 트리오가 함께하여 향수를 불러일으키는 한편으로 밝은 분위기를 유지하는 대형 음반이 만들어졌다. 확실하게 황홀감을 안겨 주는 앨범이다.

바늘을 올리기 전에 모임이 활기를 잃지 않도록 어떤 활동을 할지 미리 계획해 둔다.

SIDE A
퍼플 스노플레이크 Purple Snowflake

이 소울풀한 크리스마스 곡에 어울리는 블랙베리와 크랜베리 칵테일로 '자줏빛 눈송이'에 대비하자. 1960년대에 마빈 게이 Marvin Gaye가 처음 부른 이 노래를 존 레전드는 더욱 돋보이는 모습으로 해석하여 되살려 낸다.

런던 드라이 진 30ml
샹보르 15ml
크랜베리 주스 30ml
신선한 레몬 주스 15ml
심플 시럽 7.5ml
블랙베리(장식용)
민트 가지(장식용)

진, 샹보르, 크랜베리 주스, 레몬 주스, 심플 시럽을 얼음과 함께 흔든 다음, 얼음을 넣은 온더락 잔에 걸러 붓는다. 블랙베리와 민트 가지로 장식한다.

SIDE B
랩 미 업 (인 유어 러브)
Wrap Me Up (In Your Love)

여러분의 소원 목록 1순위에는 누가 있을까? 바닐라 향과 초록빛이 가득한 이 칵테일로 그 사람을 감싸자. 이것은 "당신을 사랑합니다" 하고 말하는 액체로 된 포옹이다.

화이트 럼 45ml
그린 샤르트뢰즈 15ml
신선한 라임 주스 22ml
바닐라 시럽 7.5ml(124쪽 참조)
체리(장식용)

럼, 샤르트뢰즈, 라임 주스, 바닐라 시럽을 얼음과 함께 흔든 다음, 칵테일 잔에 걸러 붓는다. 체리로 장식한다.

BIG
BAND
HOLIDAYS
2019
WYNTON MARSALIS

앨범 해설

윈튼 마살리스는 10년이 넘도록 크리스마스 시즌마다 링컨 센터에서 빅 밴드 콘서트를 열어 왔다. 2015년 공연을 모아 발매한 음반 『Big Band Holidays』는 평론가의 큰 찬사를 받았다. 이들은 2019년 베로니카 스위프트Veronica Swift, 덴젤 싱클레어Denzal Sinclaire, 캐서린 러셀Catherine Russell, 오드리 샤키어Audrey Shakir 등과 협연하며 더욱 훌륭한 음반으로 돌아왔다. 그러나 이 엘피 음반의 정점을 장식하는 빛나는 별은 아레사 프랭클린Aretha Franklin이 직접 피아노를 치며 부르는 블루스풍의 「O Tannenbaum」이다. 그녀의 이 노래는 음반으로 접할 수 있는 크리스마스 라이브 음악 중 최고의 하나로 꼽는다.

바늘을 올리기 전에

크리스마스 음악회가 끝나고 집으로 돌아왔을 때 그 음악회의 여운을 계속 즐길 수 있도록, 공연장에 가기 전에 칵테일 재료를 모두 미리 준비해 두자.

SIDE A   오 타넨바움 O Tannenbaum

'타넨바움'은 크리스마스트리로 널리 쓰이는 전나무를 가리키는 독일어이다. 다이커리에 변화를 주고 로즈메리 가지로 장식한 이 매혹적인 마실거리는 아레사의 연주를 찬양하기에 딱 어울리는 칵테일이다. 시나몬과 함께 휴가를 떠난 열대 음료라고 생각하자.

브랜디 60ml
라임 주스 22ml
볶은 시나몬 시럽 15ml(124쪽 참조)
앙고스투라 비터스 1대시
로즈메리 가지 1개(장식용)

브랜디, 라임 주스, 시나몬 시럽, 앙고스투라 비터스를 얼음과 함께 흔든다. 칵테일 잔에 걸러 붓고, 로즈메리 가지로 장식한다.

아티스트: 윈튼 마살리스Wynton Marsalis
앨범: Big Band Holidays II **장르**: 빅 밴드 재즈
총괄 프로듀서: 윈튼 마살리스 **레이블**: Blue Engine Records
언제 틀까?: 크리스마스 음악 공연을 보고 난 뒤

SIDE B   미스터 크링글 Mr. Kringle

철저하게 완전히 처음부터 만들 가치가 있는 최고의 에그노그 레시피를 소개한다. 시판용 에그노그에 들어가는 공장제 재료를 피할 수 있을 뿐 아니라 맛도 더 좋다. 이 레시피에서는 헤비 크림 대신 하프앤하프를 사용하여 더 가볍게 만들었다. 음료라기보다 디저트에 가까운 이 마실거리는 크리스마스 행사가 끝나고 크리스마스트리 장식 등 주변에 느긋하게 앉아, 자루를 메고 들어올 할아버지를 기다릴 때 즐기기에 아주 좋다.

달걀 노른자 4개
그래뉴당 ⅓컵
우유(홀 밀크) 473ml
하프앤하프 크림 1컵(없으면 생크림과 우유 1:1)
크렘 드 망트 ¼컵
버번 ¼컵
크렘 드 카카오 ¼컵
육두구 가루 1작은술

중간 크기 볼에 달걀 노른자와 그래뉴당을 넣고 크림이 될 때까지 휘핑한다. 중간 크기 소스팬을 중불~센불에 올리고 우유와 하프앤하프를 딱 끓을 정도로만 데운다. 우유 혼합물을 한 숟가락씩 떠서 노른자 혼합물에 넣고 젓는 식으로 우유 혼합물이 반만 남을 때까지 반복한다. 그런 다음 노른자 혼합물을 전부 팬에 다시 넣고, 70℃ 정도 온도에서 걸쭉해질 때까지 가열한다. 불에서 내리고 저으면서 크렘 드 망트, 버번, 크렘 드 카카오, 육두구를 넣는다. 냉장고에서 차게 식힌다.

Peggy Lee

ULTIMATE CHRISTMAS
2020

아티스트: 페기 리Peggy Lee **앨범:** Ultimate Christmas **장르:** 재즈, 팝 **총괄 프로듀서:** 홀리 포스터웰스Holly Foster-Wells
레이블: Capitol Records **언제 틀까?:** 산타에게 편지를 부칠 때 (절대로 너무 늦지 않았다)

앨범 해설 페기 리 탄생 100주년을 기념하여 발매된 이 컬렉션은 수많은 사람의 사랑을 받은 그녀의 1960년 앨범『Christmas Carousel』을 비롯하여 여러 가지 음반에서 가져온 크리스마스 노래 22곡을 선보인다. 빙 크로스비와 부른 듀엣 2곡과 페기 리가 공동으로 쓴 노래 6곡도 포함되었다. 실황을 녹음한「Here's to You」라는(최고의 칵테일 노래 중 하나) 친밀한 노래가 이 앨범의 다정한 느낌을 완성한다.
바늘을 올리기 전에 산타에게 보내는 편지를 우체통에 넣는다.

SIDE A 덱 더 홀스Deck the Halls

자몽 향의 아페롤과 히비스커스로 재즈 풍미가 가득한 우아한 사워 칵테일로 홀을 멋지게 장식해 보자.

> 런던 드라이 진 45ml
> 레몬 주스 22ml
> 아페롤 15ml
> 히비스커스 시럽 7.5ml(124쪽 참조)
> 달걀 흰자 1개

진, 레몬 주스, 아페롤, 히비스커스 시럽, 달걀 흰자를 얼음과 함께 세차게 흔든다. 칵테일 잔에 걸러 붓는다.

SIDE B 친 친! Cin Cin!

이 앨범의 마지막 곡「Here's to You」는 화려한 크리스마스 칵테일과 어울릴 자격이 있다. 애프리콧 리큐어는 금주법이 시행되는 동안 할리우드 주변 과수원들이 맛있는 밀주를 빚을 재료를 공급하면서 인기를 얻었을 것이다. 유명인들이 좋아한 만큼 애프리콧 리큐어는 **더글러스 페어뱅크스**(Douglas Fairbanks) 등과 같은 클래식 칵테일에 등장한다. 페기 리도 이렇게 읊는다. "친친, 친구들. 딘 스콜도."

> 진 45ml
> 신선한 라임 주스 22ml
> 애프리콧 리큐어 7.5ml
> 드라이 큐라소 7.5ml
> 볶은 시나몬 시럽 7.5ml(124쪽 참조)

진, 라임 주스, 애프리콧 리큐어, 큐라소, 시나몬 시럽을 얼음과 함께 흔든다. 칵테일 잔이나 온더락 잔에 걸러 붓는다.

CHAPTER 4

GIFT-WRAPP

선물 포장 코너

ING STATION

최고의 크리스마스 칵테일 만들기

흔들 때

시트러스나 달걀 또는 우유가 칵테일 레시피에 들어갈 때에는 재료를 얼음과 함께 셰이커에 넣는다. 재료가 고루 유화되도록 세차게 흔든다. 그런 다음 호손 스트레이너(122쪽)로 거른다.

저을 때

증류주로 만드는 칵테일은 젓는다. 마티니나 맨해튼류를 생각하면 된다. 저은 칵테일과 얼음을 믹싱 글라스에 넣고 칵테일이 차게 식을 때까지 적어도 35~40초 동안 바스푼으로 젓는다. 저은 칵테일은 전통적으로 줄렙 스트레이너(122쪽)로 거른다.

짓이기는 법

허브를 짓이길 때는 나무 머들러(122쪽)를 사용하여 잎에서 오일을 살짝 낸다. 허브가 잘게 부서지지 않게 한다. 시트러스, 각설탕 또는 민트 같은 허브가 들어가는 칵테일을 만들 때 때때로 짓이기는 과정이 들어간다.

계량

재료를 계량할 때는 언제나 지거를 사용한다. 이렇게 하면 매번 변함없는 맛의 칵테일을 만들 수 있을 뿐 아니라, 결과물이 지나치게 달거나 시거나 할 때 정밀하게 양을 조절할 수 있다. 나중에 레시피와 기법을 완전히 익혔다 싶을 때 지거 없이 직접 부을 수 있다.

얼음과 얼음 틀

얼음은 냉동실에 너무 오래 두면 냄새나 맛이 배기도 한다. 신선한 얼음을 사용하고, 될 수 있으면 정수한 물을 쓴다. 실리콘 얼음 틀을 사용하면 완벽하게 정육면체 모양을 한 커다란 얼음을 만들 수 있다.

장식(가니시)

장식은 그저 외양만을 위한 것이 아니다. 칵테일 위에 레몬 제스트를 뿜으면 향과 맛이 더해진다. 음료를 만든 다음 가니시를 찾아 헤매지 않도록 가까운 곳에 준비해 둔다.

신선한 시트러스

신선한 시트러스가 있으면 칵테일 맛이 이루 말할 수 없이 살아난다. 공장제 주스는 사용하지 않는다. 즙 짜개는 122쪽을 참조.

잔에 술을 두르는 법

잔에 리큐어를 1바스푼 넣는다. 잔을 기울인 채 굴려 리큐어가 잔 안쪽 면에 고루 퍼져 묻게 한다. 묻히고 남는 술은 버리거나, 취향에 따라 그대로 활용한다.

잔 테두리에 소금이나 설탕을 묻히는 법

잔 테두리를 따라 시트러스 웨지를 문질러 즙을 바른다. 잔을 뒤집어 소금이나 설탕에 얹는다. 잔을 두어 번 톡톡 두들기면 남는 설탕이나 소금이 털려 나간다.

파티를 위해 대량으로 칵테일을 만드는 법

칵테일을 대량으로 만들 때 유용한 요령은 당연하게도 칵테일 레시피에 나오는 용량에 인원수를 곱하는 것이다.

나만의 칵테일을 만들기 위한 일반적인 배합 비율

칵테일 레시피에는 오랜 세월 검증을 거친 끝에 만들어진 것이 많다. 그러나 클래식 칵테일을 몇백 잔 만들고 나면 자신만의 레시피를 시험할 수도 있을 것이다. 나만의 칵테일을 만들 때 유용한, 검증된 비율 두 가지를 아래에 소개한다.

3 : 2 : 1 비율
기본이 되는 증류주 90ml
단맛 또는 신맛 60ml
단맛 또는 신맛 30ml

2 : 1 : 1 비율
기본이 되는 증류주 60ml
신맛(시트러스) 30ml
단맛(리큐어나 심플 시럽) 30ml
향(비터스 같은 것) 조금

크리스마스 시즌을 위한 바 만들기

재료와 도구

12병으로 시작하기

바에 필요한 준비물은 시간이 가면서 차츰 더 잘 갖춰지는 법이다. 병에 든 기본적인 술 몇 가지를 준비하면 바로 칵테일을 만들 수 있고, 그런 다음 필요할 때마다 리큐어와 증류주를 추가하면 된다. 아래는 처음부터 구비해 두면 좋은 병술이다.

진 · 위스키 · 데킬라 · 럼 · 브랜디 · 보드카
캄파리 · 아마로 · 쿠앵트로 · 룩사르도 마라스키노 리큐어
스위트 베르무트 · 드라이 베르무트

칵테일 재료를 준비할 때 알아 둘 점

비터스

앙고스투라, 페이쇼드, 오렌지 비터스는 모두 클래식 칵테일에서 사용되고 이 책에서도 사용된다.
모두 항상 구비해 두는 것이 좋다.

올리브

스페인산 만자니야 올리브는 오랫동안 마티니 같은 칵테일에 표준적으로 사용되었다.
오늘날에는 이탈리아산 카스텔베트라노 올리브도 미국 바에 자주 등장한다.

칵테일 양파

칵테일 양파는 **깁슨**(Gibson) 칵테일에서 가장 유명하지만, **블러디 메리**(Bloody Mary)를 비롯한 짭짤한 칵테일에도 쓰인다.

칵테일 체리

지난 20년 사이에 아마레나 체리가 빨간색 물을 들인 가짜 칵테일 체리를 밀어냈다. 품질이 훌륭한 마라스키노 체리를
만드는 브랜드도 몇 가지 있으므로 찾아볼 만하다.

클럽 소다

탄산수, 광천수, 클럽 소다는 흔히 생각하는 것과는 달리 서로 바꿔 사용할 수 없다. 클럽 소다에는 음료에 맛을 더하는
나트륨이나 칼륨 같은 첨가물이 들어 있다.

달걀

날달걀을 두려워하지 말자. 달걀은 칵테일에 놀라운 질감을 부여한다. 껍질이 음료에 들어가는 일을 방지하려면 잔 모서리가
아니라 조리대 표면에 두들겨 깨는 것이 좋다. 면역 체계가 손상된 사람이라면 저온 살균한 달걀이나 난백 분말을 대신 사용하
는 방법을 고려한다. 난백 분말 2작은술을 물 30ml에 풀면 달걀 흰자 1개분이 된다.

도구

칵테일을 만드는 데에는 화려하거나 값비싼 도구가 많이 필요하지 않지만, 더 쉽게 더 나은 결과물을 얻을 수 있게 해 주는 몇 가지 용품이 있다.

지거

좋은 품질의 칵테일을 만들기 위해서는 정확한 계량이 필수적이다. 가정에서 쓸 용도로는 용량이 한쪽은 30ml이고, 뒤집으면 45ml인 지거가 알맞다.

보스턴 셰이커

세 부분으로 이루어진 코블러 셰이커(마티니 셰이커)는 칵테일을 만드는 데에는 대부분 적합하지 않다. 일반적으로 너무 작고, 금속이 식으면 뚜껑이 잘 빠지지 않는다. 두 부분으로 이루어진 보스턴 셰이커가 더 좋다. 원래는 금속제 컵 1개와 파인트 유리컵 1개로 구성되었으나, 요즘에는 안전을 위해 모두 금속제로 만든 것이 많다. 금속제 보스턴 셰이커는 주방 용품점이나 온라인에서 쉽게 구할 수 있다.

믹싱 글라스

믹싱 글라스는 칵테일을 저어 만들 때 사용한다. 음료를 정확하게 저어 만들 때 필요하지만, 급할 때는 다른 용기를 써도 상관없다.

바스푼

바스푼은 칵테일을 제대로 저어 만들 때 필요하다. 얼음을 깰 수 있도록 손잡이 끝부분이 충분히 묵직한 것이 가장 좋으며, 주방 용품점이나 온라인에서 쉽게 구할 수 있다.

스트레이너(거르개)

칵테일 스트레이너에는 두 가지가 있다. 호손 스트레이너는 흔들어 만드는 칵테일에 쓰고, 줄렙 스트레이너는 저어 만드는 칵테일에 사용한다. 어느 쪽이 좋을지 잘 모르겠으면 두 경우 모두에 쓸 수 있는 호손을 사는 것이 좋다.

시트러스 프레스(레몬 즙 짜개)

적은 양일 때에는 작은 것으로 충분하지만, 주스 통이 달린 대용량 즙 짜개를 마련해 두면 좋다. 칵테일 파티를 위해 음료를 많이 만드는 사람이라면 고급 착즙기에 투자하는 것도 고려할 만하다.

감자칼

감자칼은 오렌지나 레몬 껍질을 벗길 때 이상적인 도구이다.

머들러

머들러는 식품과 반응하지 않는 나무로 만든 것이어야 한다. 나무에 얼룩이 없어야 하며, 니스 같은 칠로 마감한 것이나 플라스틱제, 금속제 머들러는 피한다.

유리 제품

좋은 칵테일을 즐기는 데에 특별한 유리 제품이 필요하지는 않다. 하지만 적절한 부피의 칵테일도 일반적인 유리잔에 따르면 양이 작아 보인다. 전용 칵테일 유리잔을 장만한다면 '샴페인 잔'이라고도 불리는 쿠페 잔에 가장 먼저 투자하는 것이 좋다. 온라인에서 쉽게 구할 수 있으며, 가장 적절한 크기는 120~180ml이다. 그리고 좋은 온더락 잔과 하이볼 잔을 추가로 갖춘다면 멋진 바를 완성할 수 있을 것이다.

그 밖에 칵테일을 만들 때
유용한 도구

도마, 과도, 병따개, 와인 오프너, 플라스틱 소스병(시트러스 주스용),
강판, 깔때기, 대규격 얼음 틀, 얼음 통, 얼음 스쿱, 수건, 칵테일 스틱

간단하게 만드는 칵테일용 시럽 레시피

건포도 시럽

물 1컵(240ml)
설탕 1컵
건포도 1컵

물과 설탕을 가열한다. 건포도를 넣고 5분 동안 끓인다. 불에서 내린 다음 식으면 밀봉 가능한 병에 걸러 붓는다. 밀봉하여 냉장고에 두면 최대 2주 동안 보관할 수 있다.

로즈메리 시럽

물 1컵
그래뉴당 1컵
로즈메리 잎 ¼컵

물을 끓인 다음, 불에서 내려 그래뉴당을 넣고 녹을 때까지 젓는다. 로즈메리를 넣고 30~45분 동안 우린다. 밀봉 가능한 병에 옮겨 담고 식힌다. 밀봉하여 냉장고에 두면 최대 2주 동안 보관할 수 있다.

히비스커스 시럽

물 1컵
설탕 1컵
말린 히비스커스 꽃잎 ½컵

작은 소스팬에 물을 붓고 가열한다. 끓으면 불에서 내린 다음 설탕을 넣고 저어 녹인다. 히비스커스를 넣고 15분 동안 우린다. 밀봉 가능한 병에 걸러 붓는다. 밀봉하여 냉장고에 두면 최대 2주 동안 보관할 수 있다.

바닐라 시럽

물 1컵
그래뉴당 1컵
바닐라 엑스트랙트 1큰술

작은 소스팬에 물을 붓고 중불~센불로 가열한다. 끓으면 불에서 내린다. 그래뉴당과 바닐라를 넣고 섞일 때까지 젓는다. 밀봉 가능한 병에 옮겨 담고 식힌다. 밀봉하여 냉장고에 두면 최대 2주 동안 보관할 수 있다.

볶은 시나몬 시럽

시나몬 스틱 4개
물 1컵
설탕 1컵

프라이팬이나 소스팬을 중불~약불에 올려 놓고, 시나몬 스틱을 향이 날 때까지 3~5분 동안 볶는다. 중간 크기 소스팬에 물, 설탕, 시나몬을 넣고 중불로 끓인다. 한소끔 끓으면 불에서 내린 다음, 혼합물을 30분 정도 식힌다. 밀봉 가능한 병에 걸러 붓는다. 밀봉하여 냉장고에 두면 최대 2주 동안 보관할 수 있다.

피칸 시럽

피칸 조각 1컵
물 1컵
설탕 1컵

소스팬을 중불~센불에 올려 놓고, 피칸 조각이 갈색이 될 때까지 2~3분 동안 볶는다. 물과 설탕을 첨가하고 한소끔 끓인다. 불을 줄이고 5분 동안 끓인다. 불에서 내려 식힌 다음 밀봉 가능한 병에 걸러 붓는다. 밀봉하여 냉장고에 두면 최대 2주 동안 보관할 수 있다.

밤 시럽

알밤 1컵(8개 정도)
설탕 1컵
물 1컵

오븐을 220℃로 가열한다. 알밤에 십자로 칼집을 낸다. 칼집을 내는 것은 중요한 작업으로, 밤이 터지지 않도록 막아 준다. 칼집 부분이 뒤로 말려 올라갈 때까지 15~20분 동안 굽는다. 몇 분 동안 식혔다가 겉껍질과 속껍질을 제거한다. 밤을 적당히 다진다. 밀봉 가능한 병에 설탕과 물을 넣고, 다진 밤을 넣는다. 흔들어 섞은 다음, 하룻밤 또는 최대 72시간 동안 냉장고에서 재운다. 체에 걸러서 냉장고에 두면 최대 1주 동안 보관할 수 있다.

허니 시럽

물 1컵
꿀 ½컵

작은 소스팬에 물을 넣고 중불~센불에 올려 끓으면 꿀을 넣는다. 불에서 내린 다음 잘 섞일 때까지 젓는다. 밀봉 가능한 병에 붓고 식힌다. 밀봉하여 냉장고에 두면 최대 2주 동안 보관할 수 있다.

오르쟈

약 1컵 분량을 만드는 재료

그래뉴당 ½컵
자몽 반 개의 껍질
아몬드 밀크 1컵 조금 모자라게
아몬드 엑스트랙트 8방울
오렌지 플라워 워터 4방울

밀봉 가능한 중간 크기 병에 그래뉴당과 자몽 껍질을 넣고 껍질의 오일 성분이 그래뉴당에 스며들기 시작할 때까지 1~2시간 동안 불린다. 아몬드 밀크를 넣고 자몽 껍질은 제거한다. 아몬드 엑스트랙트와 오렌지 플라워 워터를 첨가한 다음, 그래뉴당이 녹을 때까지 혼합물을 흔든다. 밀봉하여 냉장고에 두면 최대 1주 동안 보관할 수 있다.

126

찾아보기

ㄱ

각설탕
사운딩 조이, 59
트윙클링 라이츠, 25
간식거리 레시피
럼 볼, 10
바삭바삭 아펠슈트루델, 63
슈가 플럼, 103
진저브레드 쿠키, 40-41
피기 푸딩, 57
갈리아노Galliano
포 콜링 버즈, 71
프로스티드 윈도, 94
감자칼, 122
거르개 ☞ 스트레이너
건포도 시럽raisin syrup
드림 프롬 예스터데이, 17
레시피, 124
브라이트 라이트, 39
게이, 마빈Marvin Gaye, 109
계란 ☞ 달걀
계량, 116
골드쉬라거Goldschläger, 94
과랄디, 빈스Vince Guaraldi, 60-61
구리 머그잔copper mug, 9

굿니스 앤 라이트Goodness and Light, 31
그라치아 플레나Gratia Plena, 62
그랑 마니에르Grand Marnier
릴 크리스마스 쿠페, 9
원 위시, 85
히스커즈 온 키튼스, 62
그린, 씨로CeeLo Green, 34-35
글래드 타이딩스Glad Tidings, 75
꼬냑cognac
글래드 타이딩스, 75
라이너스 앤 루시, 61
유, 베이비, 25
팃 포 탯, 13

ㄴ

내티 클로스Natty Claus, 21
넛크래커Nutcracker, 102
넬슨, 윌리Willie Nelson, 47, 68-69
닐슨, 해리Harry Nilsson, 43

ㄷ

다이커리daiquiri, 31, 49
달걀, 121
미스터 크링글, 111
셰퍼즈 와치, 55

이스마스 데이, 21
달걀 흰자
덱 더 홀스, 112
리틀 타운, 69
워스트 크리스마스 에버, 79
키싱 클로스, 14
대량의 칵테일 만들기, 117
댓 세임 스타That Same Star, 31
더 로네츠The Ronettes, 6
더 로켓츠The Rockettes, 7
더 머펫츠The Muppets, 70-71
더 웨이트리시즈The Waitresses, 48
더글러스 페어뱅크스Douglas Fairbanks, 112
데킬라, 레포사도reposado tequila
배드 브라더, 79
티스 더 시즌, 85
프리티 페이퍼 플레인, 69
데킬라, 블랑코blanco tequila, 43
덱 더 홀스Deck the Halls, 112
덴버, 존John Denver, 70-71
도구, 122-123
드림 프롬 예스터데이Dream from Yesterday, 17
디샤넬, 주이Zooey Deschanel, 81
디셈버 나이츠December Nights, 75
디어 인 더 스카이Deer in the Sky, 45

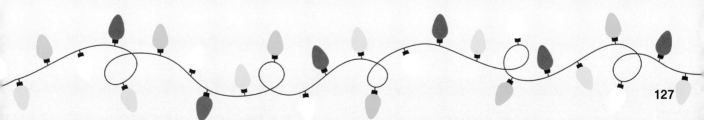

디온, 셀린Celine Dion, 76-77
딜런, 밥Bob Dylan, 30-31

ㄹ

라이너스 앤 루시Linus and Lucy, 61
라즈베리raspberry, 7
래틀, 사이먼Simon Rattle, 101-102
랩 미 업 (인 유어 러브)Wrap Me Up (in Your Love), 109
랩트 인 레드Wrapped in Red (칵테일), 37
러브, 달린Darlene Love, 6-7
러셀, 캐서린Catherine Russell, 111
러시안 펌프킨Russian Pumpkin, 65
런 디엠씨Run-D.M.C., 23
럼rum
 드림 프롬 예스터데이, 17
 에인절스 인 더 스노, 37
 유나이트 더 홀 월드, 13
 포 콜링 버즈, 71
럼, 다크dark rum
 셰퍼즈 워치, 55
 이스마스 데이, 21
럼, 숙성aged rum
 브라이트 라이트, 39
 파이어사이드 블레이즈, 35
럼, 코코넛coconut rum
 스노 퀸, 102
 스테이 그린, 35
럼, 화이트white rum
 굿니스 앤 라이트, 31
 내티 클로스, 21

랩 미 업, 109
블루 크리스마스, 17
쓰리 십스, 59
펠리스 나비다드, 104
럼 볼Rum Balls, 10
레게reggae, 21
레그니, 노엘Noël Regney, 31
레논, 존John Lennon, 48
레드 노우즈드 레인디어Red-Nosed Reindeer, 55
레드 와인red wine, 71
레모네이드lemonade, 88
레몬lemon
 올든 타임스 앤 에인션트 라임즈, 61
 원 위시, 85
레이 찰스 싱어즈Ray Charles Singers, 65
레전드, 존John Legend, 85, 108-109
렛 잇 스노Let It Snow, 99
로저스, 케니Kenny Rogers, 47
로제 스파클링 와인rosé sparkling wine, 25
로즈메리 시럽rosemary syrup
 내티 클로스, 21
 레시피, 124
 리틀 트리, 19
롱 로드 백Long Road Back, 29
롱 리버Long River, 82
리, 페기Peggy Lee, 112-113
리슬링 와인Riesling wine, 85
리틀 타운Little Town, 69
리틀 트리Little Tree, 19
릴 크리스마스 쿠페Lil' Christmas Coupe, 9

링어딩딩Ring-a-Ding-Ding, 43

ㅁ

마돈나Madonna, 23
마라스키노 리큐어maraschino liqueur
 레드 노우즈드 레인디어, 55
 링어딩딩, 43
 원 히트 원더, 49
마살리스, 윈튼Wynton Marsalis, 110-111
마시멜로 월드Marshmallow World, 7
마티니martini
 산타 베이비, 23
 슬레이 라이드, 81
 실버 벨, 5
마티스, 조니Johnny Mathis, 5
마틴, 딘Dean Martin, 98-99
망고 퓌레mango purée, 21
메스칼mezcal, 43
메이, 로버트Robert May, 55
메이플 시럽maple syrup
 스타라이트, 81
 스트롱 스케이팅, 87
멘젤, 이디나Idina Menzel, 82-83
모예, 앨리슨Alison Moyet, 23
몬테네그로Montenegro, 107
몰 산타Mall Santa, 43
무가당 연유evaporated milk
 이스마스 데이, 21
 펠리스 나비다드, 104
무화과

산타 베이비, 23
피기 푸딩, 57
뮬mule, 9
미도리Midori
　스테이 그린, 35
　(언더 더) 미슬토, 32
미드mead(꿀술), 9
미모사mimosa, 32
미스터 크링글Mr. Kringle, 111
미첼, 조니Joni Mitchell, 82
미크 앤 볼드Meek and Bold, 67
믹싱 글라스mixing glass, 122
민트mint, 88
밀러, 제이콥Jacob Miller, 20-21

ㅂ
바나나 리큐어banana liqueur, 71
바닐라 보드카vanilla vodka
　윈터 원더랜드, 5
　캔디 케인, 104
　프로즌 스노, 82
바닐라 시럽vanilla syrup
　랩 미 업, 109
　레시피, 124
　트러블스 윌 비 버블스, 65
바닐라 엑스트랙트vanilla extract
　셰퍼즈 와치, 55
　에인절스 인 더 스노, 37
　올든 타임스 앤 에인션트 라임즈, 61
　키스 굿나잇, 97

펠리스 나비다드, 104
바삭바삭 아펠슈트루델Crisp Apple Strudel, 63
바질basil, 85
반짝이glitter, 5
밤 시럽chestnut syrup
　레시피, 125
　체스넛 올드패션드, 67
배 넥타pear nectar
　그라치아 플레나, 62
　브라이트 라이트, 39
배드 브라더Bad Brother, 79
배합 비율, 칵테일, 117
밴드 에이드Band Aid, 48
버드, 앤드류Andrew Bird, 86-87
버번bourbon
　댓 세임 스타, 31
　렛 잇 스노, 99
　롱 로드 백, 29
　리틀 타운, 69
　리틀 트리, 19
　마시멜로 월드, 7
　미스터 크링글, 111
　스타라이트, 81
　올 윈터 롱, 99
　올든 타임스 앤 에인션트 라임즈, 61
　왓 메리 뉴, 47
　유나이트 더 홀 월드, 13
　체스넛 올드패션드, 67
　쿨 율, 107
　크리올 비트, 107

하프스 오브 골드, 94
홀리 라이트, 29
버터, 양념한spiced butter, 82
베네딕틴Bénédictine
　넛크래커, 102
　올 윈터 롱, 99
　크리스마스 카드, 53
　크리올 비트, 107
베르무트, 드라이dry vermouth
　넛크래커, 102
　실버 벨, 5
　올 윈터 롱, 99
　크리스마스 게임, 97
　크리스마스 카드, 53
　휘스커즈 온 키튼스, 62
베르무트, 스위트sweet vermouth
　렛 잇 스노, 99
　산타 베이비, 23
　크리올 비트, 107
베를린 필하모닉 오케스트라
　Berlin Philharmoniker Orchestra, 101-102
베이커, 글로리아 셰인Gloria Shayne Baker, 31
베일리스 아이리시 크림Baileys Irish Cream
　마시멜로 월드, 7
　베터 낫 크라이, 14
베터 낫 크라이Better Not Cry, 14
벨라폰테, 해리Harry Belafonte, 48
보드카vodka
　디어 인 더 스카이, 45
　러시안 펌프킨, 65

비 마이 홀리데이, 32
슬레이 라이드, 81
올드 랭 사인, 9
워스트 크리스마스 에버, 79
텐더 타임즈, 77
☞ (참조) 바닐라 보드카
보스턴 셰이커Boston shaker, 122
보위, 데이비드David Bowie, 48
보이즈 투 멘Boyz II Men, 74-75
보첼리, 안드레아Andrea Bocelli, 77
부블레, 마이클Michael Bublé, 47, 82, 104-105
브라운, 제임스James Brown, 12-13
브라이트 라이트Bright Light, 39
브랜디brandy
롱 리버, 82
솔 이 솜브라, 87
오 타넨바움, 111
올 디즈 씽스 앤 모어, 19
크리스마스 위시, 71
프로스티드 윈도, 94
☞ (참조) 칼바도스; 꼬냑
블랙 티black tea, 13
블러드 오렌지 소다blood orange soda, 77
블러드 오렌지 주스blood orange juice, 39
블루 크리스마스Blue Christmas, 17
비 마이 홀리데이Be My Holiday, 32
비버, 저스틴Justin Bieber, 32-33
비치 보이스The Beach Boys, 8-11, 81
비터스bitters, 121
☞ 개별 비터스 항목도 참조

ㅅ
사과 주스, 77
사운딩 조이Sounding Joy, 59
사이다cider. ☞ 애플 사이다
사이러스, 마일리Miley Cyrus, 47
산타 베이비Santa Baby, 23
생강, 신선한, 61
『사보이 칵테일 북The Savoy Cocktail Book』, 5, 62
샤르트뢰즈Chartreuse
랩 미 업, 109
스테이 그린, 35
스트롱 스케이팅, 87
샤키어, 오드리Audrey Shakir, 111
샴페인champagne, 62
☞ (참조) 스파클링 와인
샹보르Chambord
배드 브라더, 79
토이 숍, 7
퍼플 스노플레이크, 109
서던 컴포트Southern Comfort
왓 메리 뉴, 47
홀리 라이트, 29
석류 주스pomegranate juice
댓 셰임 스타, 31
디어 인 더 스카이, 45
치어 컵, 88
설탕
그래뉴당, 111
타임 설탕, 77
☞ (참조) 황설탕

설탕, 잔 테두리에 묻히는 법, 117
세이턴스 휘스커즈Satan's Whiskers, 62
셰퍼즈 와치Shepherd's Watch, 55
소금, 잔 테두리에 묻히는 법, 69, 117
소금, 히커리hickory salt, 69
소다soda
블러드 오렌지, 77
자몽, 85
☞ (참조) 클럽 소다
소다수soda water, 88
솔 이 솜브라Sol y Sombra, 87
쉬앤힘She & Him, 80-81
슈가 플럼Sugar Plums, 103
슈롭셔, 엘모Elmo Shropshire, 48
슐츠, 찰스Charles Schulz, 61
스노 퀸Snow Queen, 102
스위프트, 베로니카Veronica Swift, 111
스즈Suze, 75
스카치Scotch
그라치아 플레나, 62
렛 잇 스노, 99
사운딩 조이, 59
스타라이트Starlight, 81
스테이 그린Stay Green, 35
스테파니, 그웬Gwen Stefani, 38-41
스튜어트, 로드Rod Stewart, 35
스트라이샌드, 바브라Barbra Streisand, 62-63
스트레이너strainer, 116, 122
스트레이트 노 체이서Straight No Chaser, 35
스트롱 스케이팅Strong Skating, 87

스티븐스, 수프얀Sufjan Stevens, 78-79

스팅Sting, 23

스팅어Stinger, 97

스파클링 와인sparkling wine

그라치아 플레나, 62

글래드 타이딩스, 75

넛크래커, 102

랩트 인 레드, 37

릴 크리스마스 쿠페, 9

비 마이 홀리데이, 32

시즌스 리즌스, 77

(언더 더) 미슬토, 32

유, 베이비, 25

토이 숍, 7

트러블스 윌 비 버블스, 65

트림 마이 트리, 39

트윙클링 라이츠, 25

퍼피즈 아 포에버, 45

홀리 라이트, 29

휘스커즈 온 키튼스, 62

스파클링 와인, 로제rosé sparkling wine, 25

스팔딩, 에스페란자Esperanza Spalding, 109

스펙터, 필Phil Spector, 6-7, 9, 25, 37, 81

스푼, 바bar spoon, 122

스프링스틴, 브루스Bruce Springsteen, 23

슬레이 라이드Sleigh Ride, 81

슬레이드Slade, 43, 48

시나몬cinnamon

셰퍼즈 와치, 55

펠리스 나비다드, 104

시나몬 스틱cinnamon stick, 61

시나몬 시럽cinnamon syrup

그라치아 플레나, 62

댓 세임 스타, 31

레시피, 124

리틀 타운, 69

쓰리 십스, 59

오 타넨바움, 111

친 친!, 112

커들 업 앤 코지 다운, 47

시나트라, 프랭크Frank Sinatra, 94-95

시럽 레시피, 124-125

☞ 개별 시럽 항목도 참조

시아Sia, 44-45

시즌스 리즌스Season's Reasons, 77

시크릿 에인절스Secret Angels, 88

시트러스 주스citrus juice, 117

시트러스 프레스와 즙 짜개, 122

실버 마티니Silver Martini, 5

실버 벨Silver Bell, 5

싱클레어, 덴젤Denzal Sinclaire, 111

쓰리 닷츠 앤 어 대시Three Dots and a Dash, 59

쓰리 십스Three Ships, 59

ㅇ

아길레라, 크리스티나Christina Aguilera, 35

아니세트 리큐어anisette liqueur, 87

아마레토amaretto

라이너스 앤 루시, 61

키스 굿나잇, 97

아마로amaro

베터 낫 크라이, 14

올 윈터 롱, 99

쿨 율, 107

프리티 페이퍼 플레인, 69

아이어빈, 지미Jimmy Iovine, 23

아페롤Aperol

덱 더 홀스, 112

랩트 인 레드, 37

트림 마이 트리, 39

프리티 페이퍼 플레인, 69

아펠슈트루델, 바삭바삭Crisp Apple Strudel, 63

암스트롱, 루이Louis Armstrong, 106-107

압생트absinthe

베터 낫 크라이, 14

스노 퀸, 102

크리스마스 게임, 97

크리스마스 카드, 53

앙고스투라 비터스Angostura bitters

굿니스 앤 라이트, 31

댓 세임 스타, 31

드림 프롬 예스터데이, 17

라이너스 앤 루시, 61

렛 잇 스노, 99

롱 로드 백, 29

롱 리버, 82

브라이트 라이트, 39

스타라이트, 81

시즌스 리즌스, 77

쓰리 십스, 59

오 타넨바움, 111

왓 메리 뉴, 47

이스마스 데이, 21

체스넛 올드패션드, 67

팃 포 탯, 13

애덤스, 브라이언Bryan Adams, 23

애프리콧 리큐어apricot liqueur, 112

애플 사이다apple cider

  롱 리버, 82

  올든 타임스 앤 에인션트 라임즈, 61

  워스트 크리스마스 에버, 79

  커들 업 앤 코지 다운, 47

애플잭applejack, 53

양념 버터spiced butter, 82

양파, 121

어 랏 라이크 크리스마스A Lot Like Christmas, 53

(언더 더) 미슬토(Under the) Mistletoe (칵테일), 32

언더우드, 캐리Carrie Underwood, 84-85

얼음과 얼음 틀, 116

에그노그eggnog

  미스터 크링글, 111

  이스마스 데이, 21

에스프레소espresso, 81

에인절스 인 더 스노Angels in the Snow, 37

엘더플라워 리큐어elderflower liqueur, 67

엘링턴, 듀크Duke Ellington, 107

연유, 가당sweetened condensed milk

  이스마스 데이, 21

  펠리스 나비다드, 104

오 타넨바움O Tannenbaum, 111

오노 요코Yoko Ono, 48

오렌지orange, 88

오렌지 비터스orange bitters

  드림 프롬 예스터데이, 17

  레드 노우즈드 레인디어, 55

  사운딩 조이, 59

  실버 벨, 5

  왓 메리 뉴, 47

  크리올 비트, 107

  트윙클링 라이츠, 25

  휘스커즈 온 키튼스, 62

오렌지 소다orange soda, 77

오렌지 주스orange juice

  유나이트 더 홀 월드, 13

  트림 마이 트리, 39

  포 콜링 버즈, 71

오르쟈orgeat

  레시피, 125

  유, 베이비, 25

  크리스마스 위시, 71

오이, 88

오트리, 진Gene Autry, 54-56

올 디즈 씽스 앤 모어All These Things and More, 19

올 윈터 롱All Winter Long, 99

올드 랭 사인Auld Lang Syne(칵테일), 9

올드패션드Old-Fashioned, 17, 29, 59, 67

올드필드, 마이크Mike Oldfield, 48

올든 타임스 앤 에인션트 라임즈

  Olden Times and Ancient Rhymes, 61

올리브olive, 121

올스파이스 드램allspice dram

  굿니스 앤 라이트, 31

  파이어사이드 블레이즈, 35

올스파이스allspice, 55

와세일wassail, 61

와인wine. ☞ 개별 와인 항목 참조

와츠, 아이작Isaac Watts, 59

왓 메리 뉴What Mary Knew, 47

왬!Wham!, 48

우유

  미스터 크링글, 111

  셰퍼즈 와치, 55

  에인절스 인 더 스노, 37

  키스 굿나잇, 97

  ☞ (참조) 연유; 무가당 연유

워드, M.M. Ward, 81

워스트 크리스마스 에버Worst Christmas Ever, 79

워싱턴, 디나Dinah Washington, 107

원 위시One Wish, 85

원 히트 원더One-Hit Wonder, 49

원더, 스티비Stevie Wonder, 19, 109

월계수 잎을 우린 진bay leaf-infused gin, 85

위스키whiskey

  몰 산타, 43

  배드 브라더, 79

  커들 업 앤 코지 다운, 47

  트림 마이 트리, 39

  ☞ (참조) 버번; 스카치; 서던 컴포트

위스키, 호밀rye whiskey

  스타라이트, 81

스트롱 스케이팅, 87
위저드Wizzard, 48
윈터 원더랜드Winter Wonderland, 5
윌슨, 브라이언Brian Wilson, 9
유, 베이비You, Baby, 25
유나이트 더 홀 월드Unite the Whole World, 13
유리 제품, 122
유투U2, 23
육두구nutmeg
    미스터 크링글, 111
    이스마스 데이, 21
이너 서클Inner Circle, 21
이스마스 데이Ismas Day, 21

ㅈ
자몽 소다grapefruit soda, 85
자몽 주스grapefruit juice
    시크릿 에인절스, 88
    원 히트 원더, 49
잔에 술을 두르는 법, 117
장식, 116
잭슨 5The Jackson 5, 14-15
잭슨, 마이클Michael Jackson, 19
정향clove
    셰퍼즈 와치, 55
    펠리스 나비다드, 104
존스, 노라Norah Jones, 88
존스, 부커 T.Booker T. Jones, 69
즙 짜개juicer, 117, 122
지거jigger, 116, 122

진gin
    덱 더 홀스, 112
    디셈버 나이츠, 75
    레드 노우즈드 레인디어, 55
    미크 앤 볼드, 67
    산타 베이비, 23
    스노 퀸, 102
    실버 벨, 5
    원 위시, 85
    원 히트 원더, 49
    월계수 잎을 우린 진, 85
    친 친!, 112
    키싱 클로스, 14
    트러블스 윌 비 버블스, 65
    퍼플 스노플레이크, 109
    퍼피즈 아 포에버, 45
    휘스커즈 온 키튼스, 62
진저 리큐어ginger liqueur, 69
진저 비어ginger beer
    디어 인 더 스카이, 45
    올드 랭 사인, 9
진저브레드 쿠키Gingerbread Cookies, 40-41
짓이기는 법, 116, 122

ㅊ
체리cherry, 121
체스넛 올드패션드Chestnut Old-Fashioned, 67
초콜릿, 핫hot chocolate, 37, 43
초콜릿 리큐어, 화이트white chocolate liqueur, 5
초콜릿 비터스chocolate bitters, 7

초콜릿 칩chocolate chips
    에인절스 인 더 스노, 37
    키스 굿나잇, 97
치어 컵Cheer Cup, 88
친 친!Cin Cin!, 112
칠린 라이크 어 스노맨Chillin' Like a Snowman, 23
칩 트릭Cheap Trick, 42-43

ㅋ
카다멈 비터스cardamom bitters, 81
카펜터스The Carpenters, 66-67
칵테일cocktail
    기본적으로 갖출 병술과 재료, 119-121
    만드는 도구, 122-123
    만드는 요령, 116-117
칵테일을 젓는 법, 116, 122
칵테일을 흔드는 법, 116, 122
칼루아Kahlúa
    러시안 펌프킨, 65
    슬레이 라이드, 81
    크리올 비트, 107
칼바도스calvados, 35
캄파리Campari, 67
캐리, 머라이어Mariah Carey, 24-27
캔디 케인Candy Cane, 104
커들 업 앤 코지 다운Cuddle Up and Cozy Down, 47
커피coffee
    라이너스 앤 루시, 61
    스트롱 스케이팅, 87
케일, 존John Cale, 87

코모, 페리Perry Como, 64-65

코코넛, 슈레드shredded coconut, 5

코코넛 럼coconut rum. ☞ (참조) 럼, 코코넛

코코넛 크림cream of coconut, 104

콜, 냇 킹Nat King Cole, 58-59, 107

쿠앵트로Cointreau

    글래드 타이딩스, 75

    어 랏 라이크 크리스마스, 53

    (언더 더) 미슬토, 32

    원 히트 원더, 49

    쿨 율, 107

    프로즌 스노, 82

쿠키, 진저브레드Gingerbread Cookie, 40-41

쿨 율Cool Yule, 107

큐라소, 드라이dry curaçao

    그라치아 플레나, 62

    쓰리 십스, 59

    친 친!, 112

큐라소, 블루blue curaçao

    블루 크리스마스, 17

    프로즌 스노, 82

크랜베리 사과 주스cranberry-apple juice, 9

크랜베리 주스cranberry juice

    랩트 인 레드, 37

    블루 크리스마스, 17

    퍼플 스노플레이크, 109

    퍼피즈 아 포에버, 45

크렘 드 망트crème de menthe

    미스터 크링글, 111

    베터 낫 크라이, 14

캔디 케인, 104

크리스마스 게임, 97

키싱 클로스, 14

프로스티드 윈도, 94

크렘 드 카카오crème de cacao

    미스터 크링글, 111

    베터 낫 크라이, 14

    슬레이 라이드, 81

    칠린 라이크 어 스노맨, 23

    캔디 케인, 104

    팃 포 탯, 13

크로, 셰릴Sheryl Crow, 28-29

크로스비, 빙Bing Crosby, 31, 48, 52-53, 55, 112

크리스마스 게임Xmas Game, 97

크리스마스 위시Christmas Wish, 71

크리스마스 카드Christmas Card, 53

크리올 비트Creole Beat, 107

크림cream

    러시안 펌프킨, 65

    윈터 원더랜드, 5

크림, 헤비heavy cream

    칠린 라이크 어 스노맨, 23

    프로즌 스노, 82

크림, 휘핑whipped cream, 43, 87

클락슨, 켈리Kelly Clarkson, 36-37

클럽 소다club soda, 121

    미크 앤 볼드, 67

    올 디즈 씽스 앤 모어, 19

    트림 마이 트리, 39

클린턴, 조지George Clinton, 19

키스 굿나잇Kiss Goodnight, 97

키싱 클로스Kissing Claus, 14

키트, 어사Eartha Kitt, 23, 107

ㅌ

타임 설탕thyme sugar, 77

탈리아Thalía, 104

텐더 타임즈Tender Thymes, 77

템테이션스The Temptations, 19

토메, 멜Mel Tormé, 107

토이 숍Toy Shop, 7

톰 앤 제리Tom & Jerry, 55

트러블스 윌 비 버블스Troubles Will Be Bubbles, 65

트롬본 쇼티Trombone Shorty, 35

트릭, 팻시Patsy Trigg, 48

트림 마이 트리Trim My Tree, 39

트웨인, 샤니아Shania Twain, 104

트윙클링 라이츠Twinkling Lights, 25

티, 블랙black tea, 13

티스 더 시즌'Tis the Season, 85

팃 포 탯Tit for Tat, 13

ㅍ

파스티스pastis

    시크릿 에인절스, 88

    칠린 라이크 어 스노맨, 23

파이어볼 위스키Fireball whisky

    몰 산타, 43

    배드 브라더, 79

파이어사이드 블레이즈Fireside Blaze, 35

파인애플 주스pineapple juice
 올 디즈 씽스 앤 모어, 19
 유나이트 더 홀 월드, 13
 퍼피즈 아 포에버, 45
파튼, 돌리Dolly Parton, 46-47
팔각star anise
 댓 세임 스타, 31
 올든 타임스 앤 에인션트 라임즈, 61
퍼플 스노플레이크Purple Snowflake, 109
퍼피니 시스터즈Puppini Sisters, 104
퍼피즈 아 포에버Puppies Are Forever, 45
펀치punch
 올 디즈 씽스 앤 모어, 19
 유나이트 더 홀 월드, 13
 트림 마이 트리, 39
 퍼피즈 아 포에버, 45
페이쇼드 비터스Peychaud's bitters
 리틀 타운, 69
 원 히트 원더, 49
 쿨 율, 107
 크리올 비트, 107
페이퍼 플레인Paper Plane, 69
펠리스 나비다드Feliz Navidad, 104
펠리시아노, 호세José Feliciano, 104
포 콜링 버즈Four Calling Birds, 71
포도 주스, 백white grape juice, 75
프라인, 존John Prine, 87
프란젤리코Frangelico, 102
프랭클린, 아레사Aretha Franklin, 111
프레슬리, 엘비스Elvis Presley, 16-17

프로스티드 윈도Frosted Window, 94
프로즌 스노Frozen Snow, 82
프리티 페이퍼 플레인Pretty Paper Plane, 69
『피너츠Peanuts』 (만화), 61
피츠제럴드, 엘라Ella Fitzgerald, 96-97
피칸 시럽pecan syrup
 레시피, 124
 롱 로드 백, 29
핌스 No. 1Pimm's No. 1, 88

ㅎ

하프스 오브 골드Harps of Gold, 94
하프앤하프half-and-half, 111
핫 초콜릿hot chocolate, 37, 43
해링, 키스Keith Haring, 23
해서웨이, 도니Donny Hathaway, 35
향신료 양념 반죽spiced batter, 55
허니 시럽honey syrup
 레시피, 125
 쓰리 십스, 59
 하프스 오브 골드, 94
헤밍웨이 다이커리Hemingway Daiquiri, 49
헨슨, 짐Jim Henson, 71
헬름스, 바비Bobby Helms, 48
호밀 위스키rye whiskey
 스타라이트, 81
 스트롱 스케이팅, 87
호박 파이 향신료pumpkin spice, 65
홀리 라이트Holy Light, 29
화이트 러시안White Russian, 65

화이트 초콜릿 리큐어white chocolate liqueur, 5
화이트 초콜릿 칩white chocolate chips, 37
황설탕brown sugar
 롱 리버, 82
 키스 굿나잇, 97
휘스커즈 온 키튼스Whiskers on Kittens, 62
휴스턴, 휘트니Whitney Houston, 23
히비스커스 시럽hibiscus syrup
 덱 더 홀스, 112
 레시피, 124
 링어딩딩, 43
 비 마이 홀리데이, 32
 티스 더 시즌, 85
히커리 소금hickory salt, 69

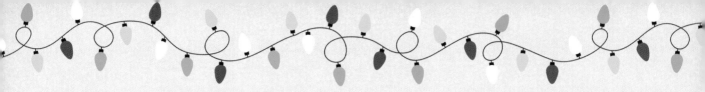

앨범 제목

Beach Boys' Christmas Album, The
  (비치 보이스), 8-11
Big Band Holidays II (윈튼 마살리스), 110-111
Cee Lo's Magic Moment (씨로 그린), 34-35
Charlie Brown Christmas, A (빈스 과랄디), 60-61
Christmas (마이클 부블레), 104-105
Christmas Album (잭슨 5), 14-15
Christmas Album, A (바브라 스트라이샌드), 62-63
Christmas Christmas (칩 트릭), 42-43
Christmas Gift for You from Phil Spector, A
  (필 스펙터와 달린 러브), 6-7, 9
Christmas in the Heart (밥 딜런), 30-31
Christmas Interpretations (보이즈 투 멘), 74-75
Christmas Portrait (카펜터스), 66-67
Christmas Together, A (존 덴버와 더 머펫츠), 70-71
Dean Martin Christmas Album, The (딘 마틴), 98-99
Ella Wishes You A Swinging Christmas
  (엘라 피츠제럴드), 96-97
Elvis Sings the Wonderful World of Christmas
  (엘비스 프레슬리), 16-17
Everyday Is Christmas (시아), 44-45
Hark! (앤드류 버드), 86-87
Holiday Wishes (이디나 멘젤), 82-83
Holly Dolly Christmas, A (돌리 파튼), 46-47
Home for Christmas (셰릴 크로), 28-29
I Dream of Christmas (노라 존스), 88
Jolly Christmas from Frank Sinatra, A
  (프랭크 시나트라), 94-95
Legendary Christmas, A (존 레전드), 108-109
Magic of Christmas, The (냇 킹 콜), 58-59
Merry Christmas (머라이어 캐리), 24-27
Merry Christmas (빙 크로스비), 52-53
Merry Christmas (조니 마티스), 5
Motown Christmas, 18-19
My Gift (캐리 언더우드), 84-85

Natty Christmas (제이콥 밀러), 20-21
Nutcracker, The
  (사이먼 래틀과 베를린 필하모닉 오케스트라), 101-102
Perry Como Christmas Album, The (페리 코모), 64-65
Pretty Paper (윌리 넬슨), 68-69
Rudolph the Red-Nosed Reindeer (진 오트리), 54-56
Songs for Christmas (수프얀 스티븐스), 78-79
Soulful Christmas, A (제임스 브라운), 12-13
These Are Special Times (셀린 디온), 76-77
Ultimate Christmas (페기 리), 112-113
Under the Mistletoe (저스틴 비버), 32-33

Very She & Him Christmas, A (쉬앤힘), 80-81
Very Special Christmas, A, 22-23
What a Wonderful Christmas
  (루이 암스트롱과 친구들), 106-107
Wrapped in Red (켈리 클락슨), 36-37
You Make It Feel Like Christmas (그웬 스테파니), 38-41

감사의 말씀

『크리스마스 칵테일과 레코드』는 제게 놀라운 선물이 되었습니다. 재기 넘치는 편집자 신디 시팔라에게 무한히 감사합니다. 그가 없었다면 이 책은 존재하지 않았을 것입니다. 이 눈덩이가 굴러가기 시작하게 만든 편집 담당 에이다 장에게 감사합니다. 저의 사려 깊은 대리인 클레어 펠리노, 뛰어난 홍보 담당 론 론지, 러닝프레스의 홍보 담당 시터 징크에게 감사합니다. 이 책에 생명을 불어넣은 디자이너 조슈아 맥도널, 사진작가 제이슨 바니, 스타일리스트 크리스티 헌터에게 감사합니다. 그리고 진행 편집 담당 시스카 슈리펠과 카피 편집 담당 던컨 맥헨리에게 감사합니다.

저는 운이 좋게도 브로드스트리트 음료 회사의 케빈 런델이 모는 이 술 썰매에 올라탈 수 있었습니다. 여기 소개한 칵테일은 그가 기꺼이 능력을 발휘해 준 덕분에 마무리되었습니다. 간식거리 레시피는 재능 있는 제시 무어가 도왔습니다.

또한 『칵테일과 레코드』를 도운 모든 분, 특히 전국 북 투어를 후원하고 도처에 있는 엘피 애호가들의 굴뚝으로 턴테이블을 수없이 내려보내 준 크로슬리 턴테이블에게 감사합니다. 마찬가지로 미국 전역에서 『칵테일과 레코드 2집』 리스닝 파티를 지원해 준 더블유 호텔에게도 감사합니다.

저의 가족에게, 부모님인 소냐와 말론, 누이인 테냐야에게 사랑과 감사를 드립니다. 이분들과 저는 너무나도 많은 시간을 음악과 함께 따뜻하고 즐겁게 보냈습니다.

끝으로, 도저히 상상할 수 없을 정도로 볼륨을 올린 상태로 몇 달 동안이나 크리스마스 음악을 들어 준 저의 유쾌한 파트너 재닌 홀리에게 특별히 감사합니다.

칵테일과 레코드

"단연 지상 최고의 술과 음악에 관한 책이다."
—페이스트 *Paste*

"『Rise and Fall of Ziggy Stardust』 음반 A면에 이어 B면을
처음부터 끝까지 들을 때, 음악과 완벽하게 어울리는
칵테일이 있으면 그만큼 더 좋을 것이다.
『Purple Rain』도 마찬가지. 『칵테일과 레코드』는 엘피 명반과
그에 어울리는 칵테일 레시피를 깊이 있게 소개한다."

—에스콰이어 *Esquire*

"칵테일 없이는 비틀즈를 두 번 다시
들을 수 없게 될지도 모른다."

—코스모폴리탄 *Cosmopolitan*